高等学校土木工程专业"十四五"系列教材

高等学校土木工程专业应用型本科系列教材

装配式混凝土结构设计与施工

武　鹤　杨道宇　张旭宏　主　编

中国建筑工业出版社

图书在版编目（CIP）数据

装配式混凝土结构设计与施工 / 武鹤，杨道宇，张旭宏主编. — 北京：中国建筑工业出版社，2021.8
高等学校土木工程专业"十四五"系列教材 高等学校土木工程专业应用型本科系列教材
ISBN 978-7-112-26375-2

Ⅰ. ①装… Ⅱ. ①武… ②杨… ③张… Ⅲ. ①装配式混凝土结构－结构设计－高等学校－教材 Ⅳ. ①TU37

中国版本图书馆 CIP 数据核字（2021）第 143204 号

本书共分为 7 章，分别为装配式混凝土建筑的基本知识、装配式混凝土叠合楼盖设计、装配整体式框架结构设计、装配整体式剪力墙结构设计、装配式混凝土结构构件制作与安装、装配式混凝土施工质量检验、装配式混凝土建筑 BIM 技术应用。为使学习更加生动可视，本书配有图文、动画、视频及微课等数字资源，能够帮助读者了解装配式混凝土结构设计与施工技术的相关知识，微信扫描二维码即可观看。

本书可作为高等院校土木工程、工程管理、建筑材料等相关专业的教材，同时也可作为相关企业员工的岗位培训教材。

为了更好地支持相应课程的教学，我们向采用本书作为教材的教师提供课件，有需要者可与出版社联系。建工书院：http://edu. cabplink. com，邮箱：jckj@cabp. com. cn，2917266507@qq. com，电话：（010）58337285。

* * *

责任编辑：聂 伟 王 跃
责任校对：焦 乐

高等学校土木工程专业"十四五"系列教材
高等学校土木工程专业应用型本科系列教材
装配式混凝土结构设计与施工
武 鹤 杨道宇 张旭宏 主 编
*
中国建筑工业出版社出版、发行（北京海淀三里河路 9 号）
各地新华书店、建筑书店经销
北京红光制版公司制版
廊坊市海涛印刷有限公司印刷
*
开本：787 毫米×1092 毫米 1/16 印张：14¾ 字数：357 千字
2021 年 11 月第一版 2021 年 11 月第一次印刷
定价：**45.00** 元（附配套数字资源及赠教师课件）
ISBN 978-7-112-26375-2
（37940）

前　　言

大力发展装配式建筑有利于提升建筑品质、实现建筑行业节能减排和可持续发展的目标。随着中共中央国务院《关于进一步加强城市规划建设管理工作的若干意见》和国务院办公厅《关于大力发展装配式建筑的指导意见》等文件的相继出台，装配式建筑得到快速发展。

国家提出大力培养装配式建筑设计、生产、施工、管理等专业人才，鼓励高等学校、职业院校设置装配式建筑相关课程，推动装配式建筑企业开展校企合作，创新人才培养模式。装配式建筑不仅是建造方式的变革，是我国建筑业实现"建造→智慧建造→制造"的关键途径之一，也是实现建筑产业化的有效途径；对建设相关产业布局和任务分配具有深远的影响，对建筑施工企业的人员构成、生产方式的变革影响极大。为深入贯彻落实国家相关文件和精神，探索装配式混凝土建筑的施工技术，构建新型装配式建筑人才培养模式，黑龙江工程学院联合哈尔滨建筑云网络科技有限公司等，校企深度融合共同编写此教材。本教材也充分体现了信息化技术与数字资源的优势。

本教材以培养装配式混凝土结构设计与施工的技术与管理人员为目标，结合现行国家、行业及企业技术标准，系统阐述了装配式混凝土建筑的基本知识、装配式混凝土叠合楼盖设计、装配整体式框架结构设计、装配整体式剪力墙结构设计、装配式混凝土结构构件制作与安装、装配式混凝土施工质量检验、装配式混凝土建筑BIM技术应用。

本教材由黑龙江工程学院武鹤教授，哈尔滨建筑云网络科技有限公司副总杨道宇高级工程师，黑龙江工程学院张旭宏副教授担任主编。参加编写的还有黑龙江工程学院的董艳秋、王维铭，西南石油大学的吴佳晔，四川升拓检测技术股份有限公司黄伯太。具体编写分工为：武鹤编写前言、第1章，王维铭编写第2章、第4章，张旭宏编写第3章、附录，董艳秋、杨道宇编写第5章，吴佳晔、黄伯太编写第6章，杨道宇编写第7章。本教材由武鹤统稿，数字资源设计、制作由杨道宇完成。

在本教材编写过程中查阅并参考了大量期刊、文献、教材、论文以及网络资料，在此谨向相关资料作者和单位表示由衷的感谢。由于装配式混凝土建筑正处于不断发展和实践过程，还有许多施工现场实践问题需要进一步深入学习研究，同时由于编者本身水平所限，本教材中难免会存在不妥和疏漏之处，敬请广大读者批评指正。

编　者
2021年4月

目　　录

第1章　装配式混凝土建筑的基本知识

【教学目标】

1. 掌握装配式建筑的概念、分类和优势；了解国内外装配式建筑发展历程，弘扬先进技术。

2. 熟悉国家及地方装配式建装配率的计算方法和装配式混凝土结构设计技术要点。

3. 培养探索新材料、新工艺、新技术的兴趣。

1.1　装配式混凝土建筑

1.1.1　装配式建筑的定义

装配式建筑是指由预制构件通过可靠连接方式建造的建筑。装配式建筑有两个主要特征：第一个特征是构成建筑的主要构件特别是结构构件是预制的（图1-1）；第二个特征是预制构件的连接方式必须可靠。

按照装配式混凝土建筑、装配式钢结构建筑和装配式木结构建筑的国家标准，装配式建筑是"结构系统、外围护系统、内装系统、设备与管线系统的主要部分采用预制部品部件集成的建筑"。这个定义强调装配式建筑是4个系统（而不仅仅是结构系统）的主要部分采用预制部品部件集成。

图1-1　装配式建筑实例

1.1.2　装配式建筑的分类

1. 按材料分类

装配式建筑按结构材料分类，有装配式钢结构建筑、装配式钢筋混凝土建筑、装配式

1

木结构建筑、装配式轻钢结构建筑和装配式复合材料建筑（钢结构、轻钢结构与混凝土结合的装配式建筑）。以上几种结构形式都是现代建筑。

古典装配式建筑按结构材料分类，有装配式石材结构建筑和传统装配式木结构建筑。

2. 按高度分类

装配式建筑按高度分类，有低层装配式建筑、多层装配式建筑、高层装配式建筑和超高层装配式建筑。

3. 按结构体系分类

装配式建筑按结构体系分类，有框架结构、框架-剪力墙结构、筒体结构、剪力墙结构、无梁板结构、预制钢筋混凝土柱单层厂房结构等。

4. 按预制率分类

装配式建筑按预制率分为：超高预制率（70%以上）、高预制率（50%～70%）、普通预制率（20%～50%）、低预制率（5%～20%）和局部使用预制构件（小于5%）几种类型。

1.1.3 装配式混凝土建筑在国外的发展历史

1851 年伦敦用铁骨架嵌玻璃建成的水晶宫（图 1-2）是世界上第一座大型装配式建筑。1891 年，巴黎 E-d. Coigent 公司首次在 Biarritz 的俱乐部建筑中使用装配式混凝土梁，这是世界上的第一个预制混凝土构件。

图 1-2　伦敦水晶宫绘图

20 世纪 50 年代，为了解决第二次世界大战后住房紧张和劳动力严重不足的问题，欧洲的一些发达国家大力发展预制装配式建筑，掀起了建筑工业化的高潮。20 世纪 60 年代左右，建筑工业化的浪潮扩展到美国、加拿大以及日本等发达国家。在 1989 年举行的第 11 届国际建筑研究与文献委员会的大会上，建筑工业化就被列为当时世界上建筑技术发展中的八大趋势之一。此外，新加坡自20世纪90年代初也开始引入装配式住宅，新加坡的建屋发展局（简称HDB）开发的组屋均采用预制装配式技术，一般为15～30层的单元式高层住宅，现已发展得较成熟。

归纳起来，发达国家和地区装配式混凝土住宅的发展大致经历三个阶段：第一阶段是装配式混凝土建筑形成的初期阶段，重点建立装配式混凝土建筑生产（建造）体系；第二阶段是装配式混凝土建筑的发展期，逐步提高产品（住宅）的质量和性价比；第三阶段是装配式混凝土建筑发展的成熟期，进一步降低住宅的物耗和环境负荷，发展资源循环型住宅。

1.1.4 装配式混凝土建筑在我国的发展

我国装配式混凝土结构的应用起源于20世纪50年代。中华人民共和国成立初期在苏联帮助下，我国掀起了大规模工业化建设高潮。当时为满足大规模建造工业厂房的需求，由中国建筑标准设计研究院负责出版的单层工业厂房的图集，就是一整套全装配混凝土排架结构的系列图集。它是由预制变截面柱、大跨度预制工字形截面屋面梁、预制屋顶桁架、大型预制屋面板以及预制吊车梁等一系列配套预制构件组成的一套完整体系。此图集延续使用到21世纪初，共指导建造厂房面积达3亿m^2，为我国的工业建设作出了巨大的贡献。

1956年我国首次提出了建筑工业化的口号，当时建筑工业化的主要内容就是指构件的工业化生产，北京民族饭店（图1-3）就是在这时建造的。在此期间，我国在苏联的帮助下，在清华大学、南京工学院（现东南大学）、同济大学、天津大学和哈尔滨建筑工程学院（现哈尔滨工业大学）等高等院校，专门设立了混凝土制品构件本科专业。可见当时国家对此事的重视，以及该领域专业技术人员的稀缺程度。

图1-3 北京民族饭店（建于1958年）

从 20 世纪 60 年代初到 80 年代中期，预制构件生产经历了研究、快速发展、使用、发展停滞等阶段，到 20 世纪 80 年代中叶，装配式混凝土建筑的应用达到全盛时期，全国许多地方都形成了设计、制作和施工安装一体化的装配式建筑建造模式。此阶段的装配式混凝土建筑，以全装配大板居住建筑为代表，包括钢筋混凝土大板、少筋混凝土大板、内板外砖等多种形式。总建造面积约 700 万 m²，其中北京约 386 万 m²。代表性建筑如北京建国门外交公寓（图 1-4）。

图 1-4　北京建国门外交公寓（建于 1971 年）

20 世纪 80 年代末，装配式建筑开始迅速滑坡。究其原因，主要有以下方面：

（1）受设计概念的限制，结构体系追求全预制，尽量减少现场的湿作业量，造成在建筑高度、建筑形式、建筑功能等方面有较大的局限。

（2）受到当时的经济条件制约，建筑机具设备和运输工具落后，运输道路狭窄，无法满足相应的工艺要求。

（3）受当时的材料和技术水平的限制，预制构件接缝和节点处理不当，引发渗、漏、裂、冷等建筑物理问题，影响正常使用。

（4）施工监管不严，质量下降，造成节点构造处理不当，致使结构在地震中产生较多的破坏；如唐山大地震时，大量砖混结构遭到破坏，使人们对预制楼板的使用缺乏信心。

（5）20 世纪 80 年代初期我国改革开放后，农村大量劳动者涌向城市，大量未经过专门技术训练的农民工进入建筑业，从事劳动强度大、收入低的现场浇筑混凝土的施工工作，使得有一定技术难度的装配式结构，缺乏性价比的优势，导致发展停滞。

20 世纪 90 年代初，现浇结构由于其成本较低、无接缝漏水问题、建筑平立面布置灵活等优势迅速取代了装配式混凝土建筑，绝大多数原有预制构件厂都转产或关门歇业。专门从事生产民用建筑构件的预制工厂数量极其稀少。近二十年我国大中城市的住宅楼板几乎全部为现浇结构，装配式建筑近乎绝迹。

近十年，由于劳动力数量下降和成本提高，以及建筑业"四节一环保"的可持续发展要求，装配式混凝土建筑作为建筑产业现代化的主要形式，又开始迅速发展。在市场和政府的双向推动下，装配式混凝土建筑的研究和工程实践成为建筑业的新热点。为了避免重蹈 20 世纪 80 年代的覆辙，国内众多企业、高等院校、研究院所开展了比较广泛的研究和工程实践。在引入欧美、日本等发达国家的现代化技术体系的基础上，完成了大量的理论、结构试验、生产设备、施工装配和工艺等研究，初步开发了一系列适用于我国国情的装配式结构技术体系。比如宇辉集团于 2010 年建造哈尔滨新新怡园项目（图 1-5）就是装配式结构技术新体系的体现。

图 1-5　哈尔滨新新怡园项目（宇辉集团建于 2010 年）

2016 年 9 月，国务院办公厅印发了《关于大力发展装配式建筑的指导意见》，提出：要以京津冀、长三角、珠三角三大城市群为重点推进地区，常住人口超过 300 万的其他城市为积极推进地区，其余城市为鼓励推进地区，因地制宜发展装配式混凝土结构、钢结构和现代木结构等装配式建筑，力争用 10 年左右的时间，使装配式建筑占新建建筑面积的比例达到 30%。

码 1-1　大力发展装配式建筑

发展装配式建筑是建造方式的重大变革，是推进供给侧结构性改革和新型城镇化发展的重要举措，有利于节约资源能源、减少施工污染、提升劳动生产效率和质量安全水平，有利于促进建筑业与信息化、工业化深度融合、培育新产业新动能、推动化解过剩产能。

1.2　装配整体式混凝土建筑与全装配式混凝土建筑

按照结构中主要预制承重构件连接方式的整体性能，装配式建筑可分为装配整体式混凝土结构和全装配式混凝土结构。

装配整体式混凝土结构（图 1-6）是以钢筋和后浇混凝土为主要连接方式，性能等同或者接近于现浇结构。《装配式混凝土结构技术规程》JGJ 1—2014 中规定，在各种设计状况下，装配整体式混凝土结构可采用与现浇混凝土相同的方法进行结构分析。

图 1-6　装配整体式混凝土结构项目

全装配式混凝土结构（图 1-7）是预制构件间采用干式连接方法，安装简单方便，但设计方法与通常的现浇混凝土结构有较大区别，应进行专项设计及专家会审后方能施工。

图 1-7　全装配式混凝土结构项目

1.3 装配式混凝土建筑结构体系类型

目前的装配式混凝土建筑技术体系按结构形式主要可以分为剪力墙结构、框架结构、框架-剪力墙结构等。相关标准及规程中，建议应用装配整体式混凝土结构，其结构体系类型分为装配整体式剪力墙结构、装配整体式框架结构、装配整体式框架-剪力墙结构。

在我国的建筑市场中剪力墙结构体系一直占据重要地位，以其在居住建筑中的结构墙和分隔墙兼用，以及无梁、柱外露等特点得到市场的广泛认可。近年来，装配整体式剪力墙结构发展非常迅速，应用量不断加大，不同形式、不同结构特点的装配整体式剪力墙结构建筑不断涌现，在北京、上海、天津、哈尔滨、沈阳、合肥、深圳等诸多城市中均有大量建筑应用。

由于技术和使用习惯等原因，我国装配整体式框架结构的应用较少，适用于低层、多层和高度适中的高层建筑，主要应用于厂房、仓库、商场、办公楼、教学楼、医务楼等建筑，这些结构要求具有开敞的大空间和相对灵活的室内布局。总体而言，目前在国内装配整体式框架结构很少应用于居住建筑。但在日本等国家，装配整体式框架结构大量应用于居住建筑在内的高层、超高层民用建筑。

装配整体式框架-剪力墙结构是由框架和剪力墙共同承受竖向和水平作用的结构，兼有框架结构和剪力墙的特点，体系中剪力墙和框架布置灵活，较易实现大空间和较高的适用高度，可广泛应用于居住建筑、商业建筑、办公建筑等。目前，装配整体式框架-剪力墙结构仍处于研究完善阶段，国内应用数量非常少。

1.3.1 装配整体式框架结构

装配式框架结构按照材料可分为装配式混凝土框架结构、钢结构框架结构和木结构框架结构。装配式混凝土框架结构是近年来发展起来的，主要参照日本的相关技术，包括鹿岛、前田等公司的技术体系，同时结合我国特点进行吸收和再研究而形成的结构技术体系。

相对于其他结构体系，装配整体式框架结构的主要特点是：连接节点单一、简单，结构构件的连接可靠并容易得到保证，方便采用等同现浇的设计概念；框架结构布置灵活，容易满足不同的建筑功能需求；结合外墙板、内墙板及预制楼板或预制叠合楼板应用，装配率可以达到很高水平，适合建筑工业化发展。

目前国内有研究和应用的装配式混凝土框架结构，根据构件形式及连接形式，可大致分为以下几种：

（1）框架柱现浇，梁、楼板、楼梯等采用预制叠合构件或预制构件，是装配式混凝土框架结构的初级技术体系。

（2）在上述体系中将框架柱也采用预制构件，节点刚性连接，性能接近于现浇框架结构，即装配整体式框架结构体系。其可细分为：

1）框架梁、柱预制，通过梁、柱后浇节点区进行整体连接，是纳入《装配式混凝土结构技术规程》JGJ 1—2014 中的结构体系。

2）梁、柱节点与构件一同预制，在梁、柱构件上设置后浇段连接（图1-8）。

(a)　　　　　　　　　　　　　　　　(b)

图 1-8　梁柱节点与构件整体预制

（a）预制柱节点部分整体预制示例；（b）梁柱节点整体预制构件示例

3）采用现浇或预制混凝土柱，预制预应力混凝土叠合梁、板，通过钢筋混凝土后浇部分将梁、板、柱及节点连成整体的框架结构体系。

装配式混凝土框架结构典型项目有：福建建超集团建超服务中心 1 号楼工程、中国第一汽车集团装配式停车楼、南京万科上坊保障房工程（图 1-9）。

图 1-9　南京万科上坊保障房工程项目

1.3.2　装配整体式剪力墙结构

按照主要受力构件的预制及连接方式，国内的装配式剪力墙结构体系可以分为：装配整体式剪力墙结构体系（图 1-10）、叠合板式剪力墙结构体系（图 1-11）、多层剪力墙结构。

图 1-10　装配整体式剪力墙结构（武汉名流世家 K2 地块项目）

图 1-11　叠合板式剪力墙结构（白沙洲建和 11 号楼示范楼项目）

在装配式剪力墙结构体系中，装配整体式剪力墙结构体系应用较多，适用的房屋高度最大；叠合板式剪力墙结构体系由于连接简单，近年来在工程项目中的应用逐年增加。

装配整体式剪力墙结构，由全部或部分经整体或叠合预制的混凝土剪力墙构件或部件，通过各种可靠方式进行连接并现场后浇混凝土共同构件的装配整体式预制混凝土剪力墙结构。构件之间采用湿式连接，结构性能和现浇结构基本一致，主要按照现浇结构的设计方法进行设计。

装配整体式剪力墙结构的主要受力构件，如内外墙板、楼板等在工厂生产，并在现场组装而成。预制构件之间通过现浇节点连接在一起，有效地保证了建筑物的整体性和抗震性能。

目前，国内主要的装配整体式剪力墙结构体系制造企业中，包括宇辉、中建、宝业、远大、万科、中南、万融等，其关键技术在于剪力墙构件之间的接缝形式不同。预制剪力墙水平接缝处及竖向钢筋的连接可划分为以下几种形式：

（1）竖向钢筋采用套筒灌浆连接、接缝采用灌浆料填实，如中建、万科、宝业、远大、万融等，这是目前应用量最大的技术体系。

（2）竖向钢筋采用螺旋箍筋约束浆锚搭接连接、接缝采用灌浆料填实，如宇辉。

（3）竖向钢筋采用金属波纹管浆锚搭接连接、接缝采用灌浆料填实，如中南。

1.3.3　装配整体式框架-剪力墙结构

装配式框架-剪力墙结构根据预制构件部位的不同，可分为装配整体式框架-现浇剪力墙结构、装配整体式框架-现浇核心筒结构、装配整体式框架-剪力墙结构三种形式。

装配整体式框架-现浇剪力墙结构中，预制框架结构部分的技术体系同上文；剪力墙部分为现浇结构，与普通现浇剪力墙结构要求相同。这种体系的优点是适用高度大，抗震性能好，框架部分的装配化程度较高；主要缺点是现场同时存在预制装配和现浇两种作业方式，施工组织和管理复杂，效率不高。由沈阳万融集团承建的"十二运"安保指挥中心和南科大厦项目采用了基于预制梁柱节点的装配整体式框架-现浇剪力墙结构体系，由日本鹿岛公司设计，其中框架梁、柱全部预制，剪力墙现浇。

装配整体式框架-现浇核心筒结构具有很好的抗震性能。预制框架与现浇核心筒同步施工时，两种工艺施工造成交叉影响，难度较大；核心筒结构先施工、空间结构跟进的施工顺序可大大提高施工速度，但这种施工顺序需要研究采用预制框架与现浇核心筒结构间的连接技术和后浇连接区段的支模、养护等，增大了施工难度，降低了效率。因此，从保证结构安全以及施工效率的角度出发，核心筒部位的混凝土浇筑可采用滑模施工等较先进的施工工艺，施工效率高。

关于装配整体式框架-剪力墙结构体系的研究，国外比如日本进行过类型研究并有大量工程实践，但体系稍有不同。国内目前正在开展相关的研究工作，根据研究成果已在沈阳建筑大学研究生公寓项目（图1-12）、万科研发中心公寓等项目上开展了试点应用。

装配整体式框架-剪力墙典型项目有：上海城建浦江PC保障房项目（图1-13），龙信集团龙馨家园老年公寓。

图 1-12　沈阳建筑大学研究生公寓

图 1-13　上海城建浦江 PC 保障房项目

1.4　装配率的概念与计算方法

《装配式建筑评价标准》GB/T 51129—2017（以下简称《标准》）自 2018 年 2 月 1 日起实施，《标准》的编制，是以促进装配式建筑的发展、规范装配式建筑的评价为目标，根据系统性的指标体系进行综合打分，采用装配率来评价装配式建筑的装配化程度。《标准》中共设置五章二十八个条文，其中总则 4 条，术语 5 条，基本规定 4 条，装配率计算

13条，评级等级划分2条。

1.4.1 《装配式建筑评价标准》适用范围

《标准》适用于采用装配方式建造的民用建筑评价，包括居住建筑和公共建筑。对于一些与民用建筑相似的单层和多层厂房等工业建筑，如精密加工车间、洁净车间等，当符合本标准的评价原则时，可参照执行。

1.4.2 装配式建筑的评价指标

《标准》中规定装配式建筑的评价指标统一为"装配率"，明确了装配率是对单体建筑装配化程度的综合评价结果，装配率具体定义为：单体建筑室外地坪以上的主体结构、围护墙和内隔墙、装修与设备管线等采用预制部品部件的综合比例。

1.4.3 装配率计算和装配式建筑等级评价单元

根据《标准》第3.0.1条，装配率计算和装配式建筑等级评价应以单体建筑作为计算和评价单元，并应符合下列规定：

1) 单体建筑应按项目规划批准文件的建筑编号确认；
2) 建筑由主楼和裙房组成时，主楼和裙房可按不同的单体建筑进行计算和评价；
3) 单体建筑的层楼不大于3层，且地下建筑面积不超过500m² 时，可由多个单体建筑组成建筑组团作为计算和评价单元。

1.4.4 装配率计算法

根据《标准》第4.0.1条，装配率应根据表1-1中评价项分值，然后按下式计算：

$$P = \frac{Q_1 + Q_2 + Q_3}{100 - Q_4} \times 100\% \tag{1-1}$$

式中 P——装配率；

                 Q_1——主体结构指标实际得分值；

                 Q_2——围护墙和内隔墙指标实际得分值；

                 Q_3——装修和设备管线指标实际得分值；

                 Q_4——评价项目中缺少的评价项分值总和。

装配式建筑评分表 表 1-1

	评价项	评价要求	评价分值	最低分值
主体结构 （50分）	柱、支撑、承重墙、延性墙板等竖向构件	35%≤比例≤80%	20～30*	20
	梁、板、楼梯、阳台、空调板等构件	35%≤比例≤80%	10～20*	
围护墙和内隔墙 （20分）	非承重围护墙非砌筑	比例≥80%	5	10
	围护墙与保温、隔热、装饰一体化	50%≤比例≤80%	2～5*	
	内隔墙非砌筑	比例≥50%	5	
	内隔墙与管线、装修一体化	50%≤比例≤80%	2～5*	

评价项		评价要求	评价分值	最低分值
装修和设备管线（30分）	全装修	—	6	6
	干式工法楼面、地面	比例≥70％	6	
	集成厨房	70％≤比例≤90％	3～6*	—
	集成卫生间	70％≤比例≤90％	3～6*	
	管线分离	50％≤比例≤70％	4～6*	

注：表中带"*"项的分值采用"内插法"计算，计算结果取小数点后1位。

1）表1-1中"主体结构（50分）"的解读

① 符合现在国家标准的装配式建筑体系均可按《标准》评价，主要为装配式混凝土结构、装配式钢结构、装配式木结构、装配式组合结构和装配式混合结构的建筑；

② 装配式混凝土建筑主体结构竖向构件按《标准》第4.0.2～4.0.3条计算；竖向构件的应用比例为预制混凝土体积之和除以结构竖向构件混凝土总体积；水平构件的应用比例为预制构件水平投影面积之和除以建筑平面总面积。基于目前国标推荐的装配整体式混凝土结构，充分考虑竖向预制构件间连接部分的后浇混凝土（预制墙板间水平竖向连接、框架梁柱节点区、预制柱间竖向连接区等）标准化施工要求，将预制构件与合理连接作为一个装配式整体。计入预制混凝土体积的主体结构竖向构件间连接部分的后浇混凝土规定见《标准》第4.0.3条；

③ 装配式钢结构、装配式木结构中主体结构竖向构件评分值可为30分；

④ 装配式组合结构和装配式混合结构的建筑主体结构竖向构件可结合工程项目的实际情况，在预评价中进行确认；

⑤ 水平构件中预制部品部件的应用比例的计算方法见《标准》第4.0.4、4.0.5条。

2）表1-1中"围护墙和内隔墙（20分）"的解读

① 非承重围护墙、内隔墙非砌筑是装配式建筑重点发展的内容之一，目前上海的装配率应用项、江苏的"三板"应用项都有提及；

② 非砌筑墙体：以工厂生产、现场安装、干法施工为主要特征，常见类型有：大中型板材、幕墙、木骨架或轻钢骨架复合墙、新型砌体；

③ 建筑墙体的设计集成和集成产品对装配式建筑是重要的，比如"围护墙与保温、隔热、装饰一体化""内隔墙与管线、装修一体化"评分项的应用。

3）表1-1中"装修和设备管线（30分）"的解读

① 装配式建筑要求全装修的应用是指建筑功能空间的固定面装修和设备设施安装全部完成，达到建筑使用功能和性能的基本要求；

② 考虑工程实际需要，纳入管线分离比例计算的管线专业包括电气（强电、弱电、通信等）、给水、排水和供暖等专业，尽可能减少甚至消除由于管线的维修和更换对建筑各系统部品等的影响是要达到的重要目标之一，故表1-1中计入"干式工法楼面、地面""管线分离"评分项的应用项；

③ 表中集成厨房、集成卫生间两项应用的重点是"通过设计集成、工厂生产"和"主要采用干式工法装配而成"。

1.4.5 装配式建筑的基本标准

以控制性指标明确了最低准入门槛，以竖向构件、水平构件、围护墙和分隔墙、全装修等指标，分析建筑单体的装配化程度，发挥《标准》的正向引导作用。根据《标准》第3.0.3条，装配式建筑应同时满足下列要求：

1）主体结构部分的评价分值不低于20分；
2）围护墙和内隔墙部分的评价分值不低于10分；
3）采用全装修；
4）装配率不低于50%。

1.4.6 装配式建筑的两种评价

《标准》中规定了装配式建筑的认定评价与等级评价两种评价方式，对装配式建筑设置了相对合理可行的"准入门槛"，达到最低要求时，才能认定为装配式建筑，再根据分值进行等级评价。根据《标准》第3.0.2条，装配式建筑评价应符合下列规定：

1）设计阶段宜进行预评价，并应按设计文件计算装配率；
2）项目评价应在项目竣工验收后进行，并应按竣工验收资料计算装配率和确定评价等级。

在设计阶段可以进行预评价，《标准》用的是"宜"，也就是说不是必须程序。预评价的作用有：对项目设计方案做出预判与优化；对项目设计采用新技术、新产品和新方法等的评价方法进行论证和确认；对施工图审查、项目统计与管理等提供基础性依据。

项目评价应在竣工验收后，依据验收资料进行，主要工作有：对项目实际装配率进行复核，进行装配式建筑的认定；根据项目申请，对装配式建筑进行等级评价。

装配式建筑的两种评价方式间存在10分差值，在项目成为装配式建筑与具有评价等级存有一定空间，为地方政府制定奖励政策提供弹性范围。

1.4.7 装配式建筑的等级评价

装配式建筑项目评价应在项目竣工验收后进行，并应按竣工验收资料计算装配率和确定评价等级。《标准》第5.0.1、5.0.2条内容如下：

1）当评价项目满足本标准第3.0.3条规定，且主体结构竖向构件中预制部品部件的应用比例不低于35%时，可进行装配式建筑等级评价。

2）装配式建筑评价等级应划分为A级、AA级、AAA级，并应符合下列规定：
① 装配率为60%～75%时，评价为A级装配式建筑。
② 装配率为76%～90%时，评价为AA级装配式建筑。
③ 装配率为91%及以上时，评价为AAA级装配式建筑。

1.5 装配式混凝土结构设计技术要点

1.5.1 装配式混凝土建筑布置原则

依据《装配式混凝土建筑技术标准》GB/T 51231—2016，装配式混凝土建筑的设计、生产运输、施工安装和质量验收适用于抗震设防烈度8度及8度以下地区的乙类、丙类建筑；甲类建筑、9度抗震设防建筑、特殊工业建筑不适用装配式混凝土结构。

由于目前对装配式结构整体性能的研究较少，主要还是借助现浇结构进行，因而对于装配整体式结构的布置要求，要较严于现浇混凝土结构的布置要求。特别不规则的建筑会出现各种非标准构件，且在地震作用下内力分布较复杂，不适用于装配式结构。

装配式框架结构抗震设防要求与现浇框架结构一样进行考虑；并且应重视其平面、立面和竖向剖面的规则性对抗震性能及经济合理性的影响，宜择优选择规则的形体，开间、进深尺寸和构件类型应尽量减少规格，有利于建筑工业化。为减少装配中的施工难度，需尽量减少次梁。

《装配式混凝土结构技术规程》JGJ 1—2014 中对装配整体式结构平面布置给出了下列规定：

（1）平面形状宜简单、规则、对称，质量、刚度分布宜均匀，不应采用严重不规则的平面布置；

（2）平面长度不宜过长（图1-14），长宽比 L/B 宜按表1-2采用；

（3）平面突出部分的长度 l 不宜过大，宽度 b 不宜过小（图1-14），l/B_{max}、l/b 宜按表1-2采用；

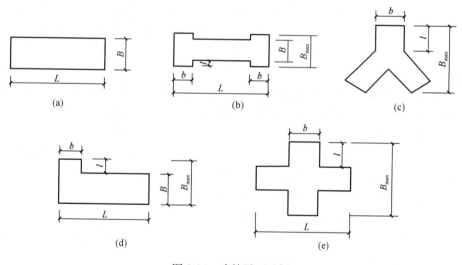

图1-14　建筑平面示例

（4）平面不宜采用角部重叠或细腰形平面布置。

平面尺寸及突出部位尺寸的比值限值　　　　　　　　　　　　　　　　表1-2

设防烈度	L/B	l/B_{max}	l/b
6、7度	≤6.0	≤0.35	≤2.0
8、9度	≤5.0	≤0.30	≤1.5

《建筑抗震设计规范》GB 50011—2010（2016年版）中规定的平面和竖向不规则的主要类型见表1-3、表1-4。

不规则类型	定义和参考指标
扭转不规则	楼层的最大弹性水平位移（或层间位移），大于该楼层两端弹性水平位移（或层间位移）平均值的 1.2 倍
凹凸不规则	结构平面凹进的一侧尺寸，大于相应投影方向总尺寸的 30%
楼板局部不连续	楼板的尺寸和平面刚度急剧变化

竖向不规则的主要类型 表 1-4

不规则类型	定义和参考指标
侧向刚度不规则	该层的侧向刚度小于相邻上一层的 70%，或小于其上相邻三个楼层侧向刚度平均值的 80%；除顶层或出屋面小建筑外，局部收进的水平向尺寸大于相邻下一层的 25%
竖向抗侧力构件不连续	竖向抗侧力构件（柱、抗震墙、抗震支撑）的内力由水平转换构件（梁、桁架等）向下传递
楼层承载力突变	抗侧力结构的层间受剪承载力小于相邻上一楼层的 80%

当结构布置超过表 1-3 和表 1-4 中一项及以上的不规则指标，称为结构布置不规则；当超过表 1-3 和表 1-4 中多项指标，或某一项超过规定的指标较多，具有较明显的抗震薄弱部分，可能引起不良后果时，称为特别不规则；当结构体型复杂，多项不规则指标超过现行《建筑抗震设计规范》GB 50011 中规定的上限或某一项大大超过规定值，具有现有技术和经济条件不能克服的严重的抗震薄弱环节，可能导致地震破坏的严重后果称为严重不规则。

装配整体式建筑结构由于其构件在工厂预制、现场拼装，为了减少装配的数量及减少装配中的施工难度，需尽量减少设置次梁；为了节约造价，需尽可能地使用标准件，统一构件的尺寸及配筋等。

装配整体式建筑结构布置除需满足上述布置原则及规则性的规定外，在综合考虑建筑结构的安全、经济、适用等使用因素后，需要满足以下规定：

（1）建筑宜选用大开间、大进深的平面布置。

（2）承重墙、柱等竖向构件宜上下连续。

（3）门窗洞口宜上下对齐、成列布置，其平面位置和尺寸应满足结构受力及预制构件设计要求；剪力墙结构中不宜采用转角窗。

（4）厨房和卫生间的平面布置应合理，其平面位置和尺寸应满足结构受力及预制构件的要求；厨房和卫生间的水电设置管线宜采用管井集中布置。竖向管井宜布置在公共空间。

（5）住宅套型设计宜做到套型平面内基本间、连接构造、各类预制构件、配件及各类设备管线的标准化。

（6）空调板宜集中布置，并宜与阳台合并设置。

1.5.2 装配式混凝土结构适用高度

建筑物最大适用高度由结构规范规定，与结构形式、地震设防烈度、建筑高度等因素有关。《装配式混凝土结构技术规程》JGJ 1—2014 和《高层建筑混凝土结构技术规程》

JGJ 3—2010 分别规定了装配式混凝土结构和现浇混凝土结构的最大适用高度。依据《装配式混凝土建筑技术标准》GB/T 51231—2016 和《高层建筑混凝土结构技术规程》JGJ 3—2010，装配整体式混凝土结构与混凝土结构最大适用高度比较见表 1-5。两者比较如下：

　　1. 装配整体式框架结构

　　当采取了可靠的节点连接方式和合理的构造措施后（符合《装配式混凝土结构技术规程》JGJ 1—2014 的要求），其性能可以等同现浇混凝土结构。因此，两者最大适用高度基本相同。

　　如果节点及接缝构造措施的性能达不到现浇结构的要求，其最大适用高度应适当降低。

　　2. 装配整体式剪力墙结构

　　墙体之间接缝数量多且构造复杂，接缝的构造措施及施工质量对结构整体的抗震性能影响较大，使其结构抗震性能很难完全等同于现浇结构。因此，装配整体式剪力墙结构的最大适用高度相比于现浇结构适当降低。当预制剪力墙数量较多时，即预制剪力墙承担的底部剪力较大时，对其最大适用高度限制更加严格。

　　3. 装配整体式框架-现浇剪力墙结构

　　装配整体式框架的性能与现浇框架等同，因此整体结构的适用高度与现浇的框架-剪力墙结构相同。当框架采用预制预应力混凝土装配整体式框架时，最大适用高度比框架采用现浇结构降低了 10m。

装配整体式混凝土结构与混凝土结构最大适用高度比较（单位：m）　　　表 1-5

结构体系	非抗震设计		抗震设防烈度							
			6 度		7 度		8 度（0.2g）		8 度（0.3g）	
	《高规》混凝土结构	《装标》装配式混凝土结构	《高规》混凝土结构	《装标》装配式混凝土结构	《高规》混凝土结构	《装标》装配式混凝土结构	《高规》混凝土结构	《装标》装配式混凝土结构	《高规》混凝土结构	《装标》装配式混凝土结构
框架结构	70	70	60	60	50	0	40	40	35	30
框架-剪力墙结构	150	150	130	130	120	120	100	100	80	80
剪力墙结构	150	140(130)	140	130(120)	100	110(100)	100	90(80)	80	70(60)
框支剪力墙结构	130	120(110)	120	110(100)	130	90(80)	80	70(60)	50	40(30)
框架-核心筒	160		150	150	130	130	100	100	90	
筒中筒	200		180		150		120		100	
板柱-剪力墙	110		80		70		55		40	

　　注：《高规》为《高层建筑混凝土结构技术规程》JGJ 3—2010，《装标》为《装配式混凝土建筑技术标准》GB/T 51231—2016。

1.5.3　装配式混凝土结构高宽比

　　《装配式混凝土建筑技术标准》GB/T 51231—2016 和《高层建筑混凝土结构技术规

程》JGJ 3—2010分别规定了装配式混凝土结构和现浇混凝土结构的最大高宽比，装配整体式混凝土结构最大高宽比见表1-6，装配整体式混凝土结构与混凝土结构最大适用高宽比的比较表见表1-7。除对结构刚度、整体稳定、承载力和经济合理性的宏观限制以外，对于装配式混凝土结构，更重要的是提高结构的抗倾覆能力，减小结构底部在侧向力作用下出现拉力的可能性，避免墙板水平接缝在受剪的同时受拉。

装配整体式混凝土结构最大高宽比 表 1-6

结构类型	抗震设防烈度	
	6度、7度	8度
装配整体式框架结构	4	3
装配整体式框架-现浇剪力墙结构	6	5
装配整体式剪力墙结构	6	5
装配整体式框架-现浇核心筒结构	7	6

装配整体式混凝土结构与混凝土结构最大适用高宽比的比较 表 1-7

结构体系	非抗震设计		抗震设防烈度					
			6度、7度			8度		
	《高规》混凝土结构	《装规》装配式混凝土结构	《高规》混凝土结构	《装规》装配式混凝土结构	辽宁地方标准装配式结构	《高规》混凝土结构	《装规》装配式混凝土结构	辽宁地方标准装配式结构
框架结构	5	5	4	4	4	3	3	3
框架-剪力墙结构	7	6	6	6	6	5	5	5
剪力墙结构	7	6	6	6	6	5	5	5
框架-核心筒	8		7	7	7	6		6
筒中筒	8		8			7	7	6
板柱-剪力墙	6		5			4		
框架-钢支撑结构					4			3
叠合板式剪力墙结构					5			4
框撑剪力墙结构					6			5

注：《高规》指《高层建筑混凝土结构技术规程》JGJ 3—2010，《装规》指《装配式混凝土结构技术规程》JGJ 1—2014。

通过比较可知，对于框架结构和框架-现浇核心筒结构而言，装配整体式结构的高宽比和现浇结构一致；对于剪力墙结构和框架-现浇剪力墙结构而言，在抗震设计情况下，装配整体式结构的高宽比与现浇结构一致。

1.5.4 装配式混凝土结构抗震等级

抗震等级是抗震设计的房屋建筑结构的重要设计参数。装配整体式结构的抗震设计根据其抗震设防类别、设防烈度、结构类型、房屋高度四个因素确定抗震等级。抗震等级的划分体现了对于不同抗震设防类别、不同烈度、不同结构类型、同一烈度但不同高度的房屋结构弹塑性变形能力要求的不同，以及同一种构件在不同结构类型中的弹塑性变形能力要求的不同。装配式建筑结构根据抗震等级采取相应的抗震措施，抗震措施包括抗震设计时构件截面内力调整措施和抗震构造措施。

《装配式混凝土建筑技术标准》GB/T 51231—2016 和《装配式混凝土结构技术规程》JGJ 1—2014 中关于丙类建筑装配整体式混凝土结构的抗震等级规定见表 1-8 和表 1-9。

《装配式混凝土建筑技术标准》中丙类建筑装配整体式混凝土结构的抗震等级　　表 1-8

结构类型		抗震设防烈度							
		6 度		7 度			8 度		
装配整体式框架结构	高度（m）	≤24	>24	≤24	>24		≤24	>24	
	框架	四	三	三	二		二	一	
	大跨度框架	三		二			一		
装配整体式框架-现浇剪力墙结构	高度（m）	≤60	>60	≤24	>24且≤60	>60	≤24	>24且≤60	>60
	框架	四	三	四	三	二	三	二	一
	剪力墙	三	三	三	二	二	二	二	一
装配整体式剪力墙结构	高度（m）	≤70	>70	≤24	>24且≤70	>70	≤24	>24且≤70	
	剪力墙	四	三	四	三	二	三	二	
装配整体式部分框支剪力墙结构	高度（m）	≤70	>70	≤24	>24且≤70	>70	≤24	>24且≤70	
	现浇框支框架	二	二	二	二	二	二	一	
	底部加强部位剪力墙	三	三	三	二	二	二	一	
	其他区域剪力墙	四	三	四	三	二	三	二	

《装配式混凝土结构技术规程》中关于丙类建筑装配整体式混凝土结构的抗震等级　　表 1-9

结构类型		抗震设防烈度							
		6 度		7 度			8 度		
装配整体式框架结构	高度（m）	≤24	>24	≤24	>24		≤24	>24	
	框架	四	三	三	二		二	一	
	大跨度框架	三		二			一		
装配整体式框架-现浇剪力墙结构	高度（m）	<60	>60	<24	>24且≤60	>60	<24	>24且≤60	>60
	框架	四	三	四	三	二	三	二	一
	剪力墙	三	三	三	二	二	二	二	一
装配整体式框架-现浇核心筒结构	框架	三		二					
	核心筒	三		二					
装配整体式剪力墙结构	高度（m）	<70	>70	<24	>24且<70	>70	<24	>24且<70	>70
	剪力墙	四	三	四	三	二	三	二	一

结构类型		抗震设防烈度						
		6 度		7 度			8 度	
	高度（m）	<70	>70	<24	>24 且<70	>70	<24	>24 且<70
装配整体式部分框支剪力墙结构	现浇框支结构	二	二	二	二	一	一	一
	底部加强部位剪力墙	三	二	三	二	一	二	一
	其他区域剪力墙	四	三	四	三	二	三	二

装配整体式剪力墙结构抗震等级的划分高度比现浇结构适当降低。

乙类装配整体式结构应按本地区抗震设防烈度提高一度的要求加强其抗震措施；当本地区抗震设防烈度为 8 度且抗震等级为一级时，应采取比一级更高的抗震措施。

当建筑场地为三、四类时，对设计基本地加速度为 0.15g 的地区，宜按照抗震设防烈度 8 度（0.2g）时各类建筑的要求采取抗震措施。

乙类建筑、建造在为三、四类场地时且设计基本地震加速度为 0.15g 地区的丙类建筑，按规定提高一度确定抗震等级时，如果房屋高度超过提高一度后对应的房屋最大适用高度，则应采取比对应抗震等级更有效的抗震措施。

思 考 题

1. 简述装配式建筑的概念和特点。
2. 我国装配式混凝土建筑的发展经历了怎样的历程？
3. 装配式建筑如何划分评价等级？
4. 列举国内外装配式建筑（除本书介绍的装配式建筑）。

码 1-2 第 1 章思考题
参考答案

第 2 章　装配式混凝土叠合楼盖设计

【教学目标】

1. 熟悉装配式混凝土楼盖的类型，掌握装配整体式混凝土叠合楼盖的布置原则和布置方法。

2. 掌握装配式混凝土叠合楼盖的拆分方法，能够对装配式混凝土叠合板进行抗弯、抗剪的计算，以及正常使用极限状态的设计。

3. 了解装配式混凝土楼盖的构造要求，能够对支座节点和接缝进行构造设计。

2.1　装配式混凝土楼盖的类型与布置

2.1.1　装配式混凝土楼盖的类型

装配式混凝土结构可采用叠合楼盖、全预制楼盖，也可采用现浇楼盖。

1. 叠合楼盖

叠合板是由预制板和现浇钢筋混凝土层叠合而成的装配整体式楼板。预制板既是楼板结构的组成部分，也是现浇钢筋混凝土叠合层的永久性模板。现浇叠合层内可敷设水平设备管线。叠合楼板整体性好，板的上下表面平整，便于饰面层装修，适用于对整体刚度要求较高的高层建筑和大开间建筑。预应力楼板包括带肋预应力叠合板、空心预应力叠合板和双 T 形预应力叠合板。

叠合板设计的内容主要包括：

(1) 划分现浇楼板和叠合板的范围，确定叠合板的类型；

(2) 选用单向板或双向板方案，进行楼板拆分设计；

(3) 构件受力分析；

(4) 连接设计，包括支座节点、接缝及结合面设计；

(5) 预制楼板构件制作图设计；

(6) 施工安装阶段预制板临时支撑的布置和要求；

(7) 设备埋件、留孔及洞口位置补强等细部设计。

不同形式和厚度的叠合板其受力性能有所不同。《装配式混凝土结构技术规程》JGJ 1—2014规定叠合楼板应按现行国家标准《混凝土结构设计规范》GB 50010 进行设计，并应符合下列规定：①叠合板的预制板厚度不宜小于 60mm；后浇混凝土叠合层厚度不应小于 60mm；②当叠合板的预制板采用空心板时，板端空腔应封堵；③跨度大于 3m 的叠合板，宜采用钢筋混凝土桁架筋叠合板；④跨度大于 6m 的叠合板，宜采用预应力混凝土叠合板；⑤厚度大于 180mm 的叠合板，宜采用混凝土空心板。

叠合板分为带桁架钢筋和不带桁架钢筋两种。当叠合板跨度较大时，为了满足预制板脱模吊装时的整体刚度与使用阶段的水平抗剪性能，可在预制板内设置桁架钢筋。当未设置桁架钢筋时，叠合板的预制板与后浇混凝土叠合层之间应设置抗剪构造钢筋，目前国内较少应用此类叠合板。

叠合楼板的预制底板一般厚 60mm，包括有桁架筋预制底板和无桁架筋预制底板。预制底板安装后绑扎叠合层钢筋，浇筑混凝土，形成整体受弯楼盖。

叠合楼板按现行《装配式混凝土结构技术规程》JGJ 1—2014 的规定可做到 6m 长，宽度一般不超过运输限宽，如果在工地预制，可以做得更宽。

叠合楼板构件制作的关键为表面不小于 4mm 的粗糙面，严禁出现浮浆问题。

（1）设置桁架钢筋的叠合板楼盖

桁架钢筋叠合板目前在市场上广泛使用，其示意及剖面图如图 2-1 所示。为加强预制层和现浇层之间的连接，特别是层面抗滑移，往往会设置桁架钢筋，桁架钢筋主要起增强刚度和抗剪作用，桁架的腹筋用于抗剪，其上下弦钢筋可作为混凝土楼板的纵向抗弯钢筋，焊接成小桁架，下部预埋在混凝土预制楼板中，上部等待现浇，组成叠合体系，共同受力，如图 2-2 所示。

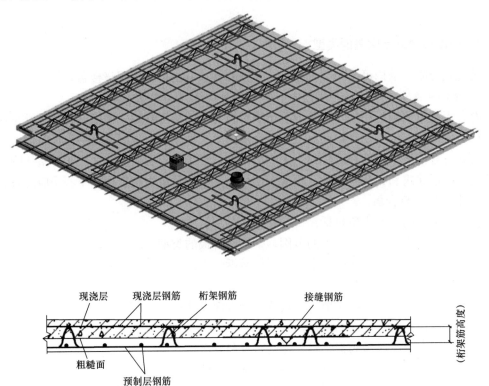

图 2-1　桁架钢筋叠合楼盖及其剖面图

叠合板具有以下优点：

1）加快施工速度，节约大量模板，易于实现建筑构件工业化；

2）与纯预制板相比，叠合板整体性好，抗震性能强；

3）钢筋桁架了提高叠合板的抗剪能力，限制层间滑移，参与板底和板面的抗弯承载，

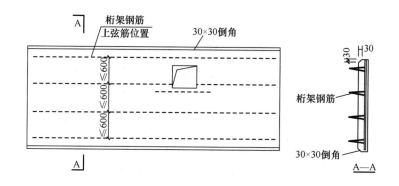

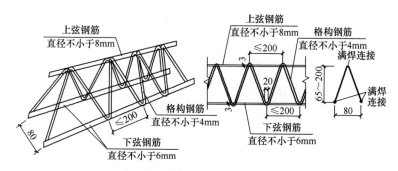

图 2-2 叠合板的预制板设置桁架钢筋构造示意图

增强楼板预制层和现浇层的整体工作性能;

4)叠合楼板是达到装配率的重要构件。

《装配式混凝土结构技术规程》JGJ 1—2014 规定,桁架钢筋混凝土叠合板应满足下列要求:

1)桁架钢筋沿主要受力方向布置。

2)桁架钢筋距离板边不应大于 300mm,间距不宜大于 600mm。

3)桁架钢筋的弦杆钢筋直径不宜小于 8mm,腹杆钢筋直径不应小于 4mm。

4)桁架钢筋的弦杆混凝土保护层厚度不应小于 15mm。

(2)无桁架钢筋的叠合板楼盖

《装配式混凝土结构技术规程》JGJ 1—2014 规定,当未设置桁架钢筋时,在下列情况下叠合板的预制板与后浇混凝土叠合层之间应设置抗剪构造钢筋,如图 2-3 所示。

1)单向叠合板跨度大于 4.0m 时,距支座 1/4 跨范围内;

2)双向叠合板短向跨度大于 4.0m 时,距四边支座 1/4 短跨范围内;

3)悬挑叠合板;

4)悬挑叠合板的上部纵向受力钢筋在相邻叠合板的后浇混凝土锚固范围内。

叠合板的预制板与后浇混凝土叠合层之间设置的抗剪构造钢筋应符合下列规定,如图 2-3 所示。

1)抗剪构造钢筋宜采用马镫形状,间距不大于 400mm,钢筋直径 d 不应小于 6mm;

2)马镫钢筋宜伸到叠合板上、下部纵向钢筋处,预埋在预制板内的总长度不应小于 15d,水平段长度不应小于 50mm。

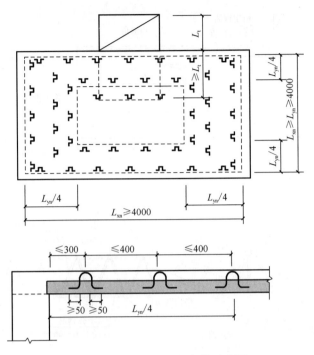

图 2-3 叠合板设置马镫钢筋示意图

2. 全预制楼盖

全预制楼盖主要用于全装配式建筑。全预制楼盖多用于多层框架结构建筑，可用于跨度较大的住宅、写字楼建筑。全预制楼盖的连接节点拼缝如图 2-4、图 2-5 所示。

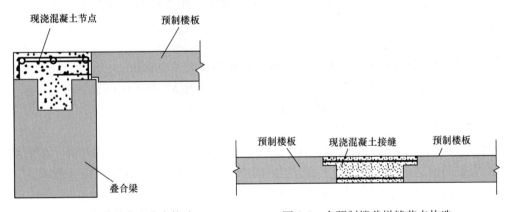

图 2-4 全预制楼盖支座节点构造   图 2-5 全预制楼盖拼缝节点构造

2.1.2 装配整体式混凝土叠合楼盖的布置

1. 楼盖现浇与预制范围的确定

装配整体式混凝土结构中，当部分楼层或局部范围设置现浇时，现浇楼板按常规方法设计。《装配式混凝土建筑技术标准》GB/T 51231—2016 对高层装配整体式混凝土结构楼盖现浇与预制范围做了以下规定：

（1）结构转换层和作为上部结构嵌固部位的楼层宜采用现浇楼盖；

（2）屋面层和平面受力复杂的楼层宜采用现浇楼盖，当采用叠合楼盖时，楼板的后浇混凝土叠合层厚度不应小于100mm，且后浇层内应采用双向通长配筋，钢筋直径不宜小于8mm，间距不宜大于200mm。

通常在通过管线较多且对平面整体性要求较高的剪力墙核心筒区域楼盖采取现浇，当采用叠合楼板时，需采取整体式接缝以加强结构平面整体性，整体式接缝构造要求详见第2.3节。

2. 楼盖的拆分原则

根据接缝构造、支座构造和长宽比，叠合板可按照单向叠合板或者双向叠合板进行设计。当按照双向板设计时，同一板块内，可采用整块的叠合双向板或者几块预制板通过整体式接缝组合成的叠合双向板；当按照单向板设计时，几块叠合板各自作为单向板进行设计，板侧采用分离式接缝即可。

《装配式混凝土结构技术规程》JGJ 1—2014规定：当预制板之间采用分离式接缝时，宜按单向板设计。对长宽比不大于3的四边支承叠合板，当其预制板之间采用整体式接缝或无接缝时，可按双向板计算。叠合板的预制板布置形式如图2-6所示。

叠合板作为结构构件，其拆分设计主要由结构工程师确定。叠合板可根据预制板接缝构造、支座构造、长宽比按单向板或双向板进行设计。从结构合理性考虑，拆分原则如下：

（1）当按单向板设计时，应沿板的次要受力方向拆分。将板的短跨方向作为叠合板的支座，沿着长跨方向进行拆分，板两侧钢筋不伸出板边，通常采用板面附加钢筋形式拼缝，此时板缝垂直于板的长边。当预制板之间采用分离式接缝（图2-6a）时，宜按单向板设计。

（2）对长宽比不大于3的四边支撑叠合板，当其预制板之间采用整体式接缝（图2-6b）或无接缝（图2-6c）时，可按双向板设计，此时在板的最小受力部位拆分。如双向叠合板板侧的整体式接缝宜设置在叠合板的次要受力方向上（图2-6b），且宜避开最大弯矩截面。通常为整体式拼缝，即预制板两边钢筋伸出板边，如双向板尺寸不大，采用无接缝双向叠合板，仅在板四周与梁或墙交接处拆分（图2-6c）。

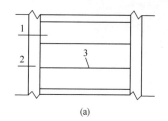 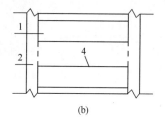 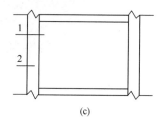

(a)　　　　　　　　　　　(b)　　　　　　　　　　　(c)

图2-6　叠合板的预制板块布置形式示意图

（a）分离式接缝单向叠合板；（b）带接缝的双向叠合板；（c）无接缝双向叠合板

1—预制板；2—梁或墙；3—板侧分离式接缝；4—板侧整体式接缝

（3）叠合板的拆分应注意与柱相交位置预留切角，如图2-7所示。

（4）板的宽度不超过运输超宽和工厂生产线楼台宽度的限制。

（5）为降低生产成本，尽可能统一或减少板的规格。预制板宜取相同宽度，可将大板

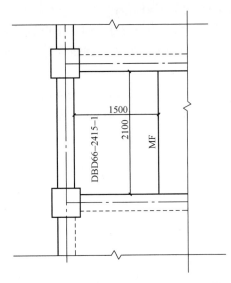

图 2-7 板拆分时与柱相交位置预留切角

均分，也可按照一个统一的模数，视实际情况而定。如双向叠合板，拆分时可适当通过板缝调节，将预制板宽度调成一致。

（6）有管线穿过的楼板，拆分时须考虑避免与钢筋或桁架筋冲突。

（7）顶棚无吊顶时，板缝宜避开灯具、接线盒或吊扇位置。

根据《超限运输车辆行驶公路管理规定》，货车总宽度不能超过 2.55m，当预制板尺寸超过运输宽度限制时，应考虑运输是否可行。目前，市场上生产预制楼板的模台包括流转模台和固定模台，常用流转模台的规格有 4m×9m、3m×12m、3.5m×12m，常用的固定模台的规格有 4m×9m、3m×12m、3.5m×12m。预制板拆分越宽，接缝越少，标准化程度则越低。

预制桁架钢筋叠合底板能够按照单向受力和双向受力进行设计，经过数十年研究和的实践，其技术性能与同厚度现浇的楼盖基本相当。近年来，国内科研人员通过大量的科研和实验，提出了"四面不出筋"的预制桁架钢筋叠合板，叠合板依靠后浇层和附加钢筋满足相应的设计要求。四面不出筋后的叠合板（图 2-8），解决了叠合板制作和后期施工中的叠合板间连接的问题，同时极大地提高了装配式建筑的工业化和自动化的效率。

图 2-8 "四面不出筋"的预制桁架钢筋叠合板

2.2 装配式混凝土叠合板分析及计算

楼板系统作为重要的水平构件，必须承受竖向荷载，并把它们传给竖向体系；同时还必须承受水平荷载，并把它们分配给竖向抗侧力体系。一般近似假定叠合板在其自身平面内无限刚性，减少结构分析的自由度，提高结构分析效率。叠合板设计必须保证整体性及传递水平力的要求，但因结构首层、结构转换层、平面复杂或开洞较大的楼层、作为上部结构嵌固部位的地下室楼层对整体性及传递水平力的要求较高，《装配式混凝土结构技术规程》JGJ 1—2014规定这些部位宜采用现浇楼板，当然也可采用叠合板，应把现浇层适当加厚。

《装配式混凝土建筑结构技术规程》DBJ 15-107-2016未给出叠合楼板计算的具体要求，其平面内抗剪、抗拉和抗弯设计验算可按常规现浇楼板进行。当桁架钢筋布置方向为主受力方向时，预制底板受力钢筋计算方式等同现浇楼板，桁架下弦杆钢筋可作为板底受力钢筋，按照计算结果确定钢筋直径、间距。

安装时需要布置支撑并进行支撑布置计算，应当考虑预制底板上面的施工荷载及堆载。设计人员应当根据支撑布置图进行二次验算，设计预制底板受力钢筋、桁架下弦钢筋直径、间距。

第一阶段是后浇的叠合层混凝土未达到强度设计值之前的阶段。荷载由预制板承担，预制板根据支撑按简支或多跨连续梁计算；荷载包括预制板自重、叠合层自重以及本阶段的施工活荷载。

第二阶段是叠合层混凝土达到设计规定的强度值之后的阶段。叠合板按整体结构计算。荷载考虑下列两种情况并取较大值：施工阶段：考虑叠合板自重、面层、吊顶等自重以及本阶段的施工活荷载；使用阶段：考虑叠合板自重、面层、吊顶等自重以及使用阶段的可变荷载。

单向板导荷方式按对边传导，双向板按梯形三角形四边传导，如图2-9所示。

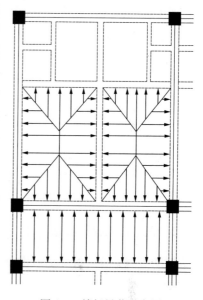

图2-9 楼板导荷示意图

应注意，当拆分前整板为双向板，如果拆分成单向板后，叠合板传递到梁、柱的荷载与整板导荷方式存在一定差异，计算时需人为调整板荷传导方式。

2.2.1 装配式混凝土叠合板抗弯、抗剪计算

1. 正截面受弯承载力计算

预制板和叠合板的正截面受弯承载力应按《混凝土结构设计规范》GB 50010—2010（2015年版）第5.2节计算，其中，弯矩设计值应按下列规定取用：

预制板

$$M_1 = M_{1G} + M_{1Q} \tag{2-1}$$

叠合板的正弯矩区段

$$M = M_{1G} + M_{2G} + M_{2Q} \tag{2-2}$$

叠合板的负弯矩区段

$$M = M_{2G} + M_{2Q} \tag{2-3}$$

式中 M_{1G} ——预制板自重和叠合层自重在计算截面产生的弯矩设计值；

M_{2G} ——第二阶段面层、吊顶等自重在计算截面产生的弯矩设计值；

M_{1Q} ——第一阶段施工活荷载在计算截面产生的弯矩设计值；

M_{2Q} ——第二阶段可变荷载在计算截面产生的弯矩设计值，取本阶段施工活荷载和使用阶段可变荷载在计算截面产生的弯矩设计值中的较大值。

在计算中，正弯矩区段的混凝土强度等级，按叠合层取用；负弯矩区段的混凝土强度等级，按计算截面受压区的实际情况取用。

2. 斜截面受剪承载力计算

楼板一般不需抗剪计算，当有必要时，预制板和叠合板的斜截面受剪承载力，应按《混凝土结构设计规范》GB 50010—2010（2015年版）第6.3节的有关规定进行计算。其中，剪力设计值应按下列规定取用：

预制板

$$V_1 = V_{1G} + V_{1Q} \tag{2-4}$$

叠合板

$$V = V_{1G} + V_{2G} + V_{2Q} \tag{2-5}$$

式中　V_{1G} ——预制板自重和叠合层自重在计算截面产生的剪力设计值；

V_{2G} ——第二阶段面层、吊顶等自重在计算截面产生的剪力设计值；

V_{1Q} ——第二阶段可变荷载产生的剪力设计值，取本阶段施工活荷载和使用阶段可变荷载在计算截面产生的剪力设计值中的较大值；

V_{2Q} ——第一阶段施工活荷载在计算截面产生的剪力设计值。

2.2.2 正常使用极限状态设计

钢筋混凝土叠合板在荷载准永久组合下，其纵向受拉钢筋的应力 σ_{sq} 应符合下列规定：

$$\sigma_{sq} \leqslant 0.9 f_y \tag{2-6}$$

$$\sigma_{sq} = \sigma_{s1k} + \sigma_{s2q} \tag{2-7}$$

式中　σ_{s1k} ——预制板纵向受拉钢筋的应力标准值；

σ_{s2q} ——叠合板纵向受拉钢筋中的应力增量。

在弯矩 M_{1Gk} 作用下，预制板纵向受拉钢筋的应力 σ_{s1k} 可按下列公式计算：

$$\sigma_{s1k} = \frac{M_{1Gk}}{0.87 A_s h_{01}} \tag{2-8}$$

式中　M_{1Gk} ——预制构件自重、预制楼板自重和叠合层自重标准值在计算截面产生的弯矩值；

h_{01} ——预制板截面有效高度。

在荷载准永久组合相应的弯矩 M_{2q} 作用下，叠合板纵向受拉钢筋中的应力增量 σ_{s2q} 可按下列公式计算：

$$\sigma_{s2q} = \frac{0.5 \left(1 + \frac{h_1}{h}\right) M_{2q}}{0.87 A_s h_0} \tag{2-9}$$

当 $M_{1Gk} < 0.35 M_{1u}$ 时，式（2-9）中的 $0.5\left(1 + \frac{h_1}{h}\right)$ 值应取 1.0；此处 M_{1u} 为预制板正截面受弯承载力设计值，应按《混凝土结构设计规范》GB 50010—2010（2015年版）第6.2节计算，但式中应取等号，并以 M_{1u} 代替 M。

1. 裂缝控制验算

按荷载准永久组合或标准组合并考虑长期作用影响的最大裂缝宽度 ω_{max} 可按下列公式计算：

$$\omega_{max} = 2 \frac{\varphi(\sigma_{s1k} + \sigma_{s2q})}{E_s} \left(1.9c + 0.08 \frac{d_{eq}}{\rho_{te1}} \right) \tag{2-10}$$

$$\varphi = 1.1 - \frac{0.65 f_{tk1}}{\rho_{te1}\sigma_{s1k} + \rho_{te}\sigma_{s2q}} \tag{2-11}$$

式中　c——最外层纵向受拉钢筋外边缘至受拉区底边的距离（mm）：当 $c < 20$ 时，取 $c = 20$；当 $c > 65$ 时，取 $c = 65$；

φ——裂缝间纵向受拉钢筋应变不均匀系数；当 $\varphi < 0.2$ 时，取 $\varphi = 0.2$；当 $\varphi > 1.0$ 时，取 $\varphi = 1.0$；对直接承受重复荷载的构件，取 $\varphi = 1.0$；

d_{eq}——受拉区纵向钢筋的等效直径，按《混凝土结构设计规范》GB 50010—2010（2015 年版）第 7.1.2 条的规定计算；

ρ_{te1}、ρ_{te}——按预制板、叠合板的有效受拉混凝土截面面积计算的纵向受拉钢筋配筋率，按《混凝土结构设计规范》GB 50010—2010（2015 年版）第 7.1.2 条计算；

f_{tk1}——预制板的混凝土抗拉强度标准值。

最大裂缝宽度 ω_{max} 不应超过《混凝土结构设计规范》GB 50010—2010（2015 年版）第 3.4 节规定的最大裂缝宽度限值。

2. 挠度验算

叠合板应按《混凝土结构设计规范》GB 50010—2010（2015 年版）第 7.2.1 条的规定进行正常使用极限状态下的挠度验算。其中，叠合板按荷载准永久组合或标准组合并考虑长期作用影响的刚度可按下列公式计算：

钢筋混凝土构件

$$B = \frac{M_q}{\left(\dfrac{B_{s2}}{B_{s1}} - 1 \right) M_{1Gk} + \theta M_q} B_{s2} \tag{2-12}$$

$$M_k = M_{1Gk} + M_{2k} \tag{2-13}$$

$$M_q = M_{1Gk} + M_{2Gk} + \psi_q M_{2Qk} \tag{2-14}$$

式中　θ——考虑荷载长期作用对挠度增大的影响系数，按《混凝土结构设计规范》GB 50010—2010（2015 年版）第 7.2.5 条采用；

M_k——叠合板按荷载标准组合计算的弯矩值；

M_q——叠合板按荷载准永久组合计算的弯矩值；

B_{s1}——预制板的短期刚度，按《混凝土结构设计规范》GB 50010—2010（2015 年版）第 H.0.10 条取用；

B_{s2}——叠合板第二阶段的短期刚度，按《混凝土结构设计规范》GB 50010—2010（2015 年版）第 H.0.10 条取用；

M_{2k}——第二阶段荷载标准组合下在计算截面产生的弯矩值，取 $M_{2k} = M_{2Gk} + M_{2Qk}$；

ψ_q——第二阶段可变荷载的准永久值系数。

荷载准永久组合或标准组合下叠合板正弯矩区段内的短期刚度，可按下列规定计算：

（1）预制板的短期刚度 B_{s1} 可按《混凝土结构设计规范》GB 50010—2010（2015 年版）式（7.2.3-1）计算。

（2）叠合板第二阶段的短期刚度可按以下公式计算：

$$B_{s2} = \frac{E_s A_s h_0^2}{0.7 + 0.6 \dfrac{h_1}{h} + \dfrac{45\alpha_E \rho}{1 + 3.5\gamma'_f}} \qquad (2\text{-}15)$$

式中　α_E——钢筋弹性模量与叠合层混凝土弹性模量的比值，$\alpha_E = \dfrac{E_s}{E_{c2}}$；

　　　γ'_f——受压翼缘截面面积与腹板有效截面面积的比值。

荷载准永久组合或标准组合下叠合式受弯构件负弯矩区段内第二阶段的短期刚度 B_{s2} 可按《混凝土结构设计规范》GB 50010—2010（2015 年版）式（7.2.3-1）计算，其中，弹性模量的比值 $\alpha_E = \dfrac{E_s}{E_{c1}}$。

2.2.3　叠合面及板端连接处接缝计算

未配置抗剪钢筋的叠合板，水平叠合面的粗糙度应符合《装配式混凝土结构技术规程》JGJ 1—2014 的有关规定：预制板与后浇混凝土叠合层之间的结合面应设置粗糙面。粗糙面的面积不宜小于结合面的 80%，预制板的粗糙面凹凸深度不应小于 4mm。可按以下公式进行水平叠合面的抗剪验算：

$$\frac{V}{bh_0} \leqslant 0.4 \,(\text{N/mm}^2) \qquad (2\text{-}16)$$

式中　V——叠合板验算截面处剪力；

　　　b——叠合板宽度；

　　　h_0——叠合板有效高度。

2.3　装配式混凝土楼盖构造要求

2.3.1　支座节点构造

叠合板现浇层内板负筋按《混凝土结构设计规范》GB 50010—2010（2015 年版）要求设计，关于预制部分的钢筋锚入支座，《装配式混凝土结构技术规程》JGJ 1—2014 规定：

（1）叠合板支座处，预制板内的纵向受力钢筋宜从板端伸出并锚入支承梁或墙的后浇混凝土中，锚固长度不应小于 $5d$（d 为纵向受力钢筋直径），且宜过支座中心线，如图 2-10（a）所示。

（2）单向叠合板的板侧支座处，当预制板内的板底分布钢筋伸入支承梁或墙的后浇混凝土中时应符合（1）的要求；当板底分布钢筋不伸入支座时，宜在紧邻预制板顶面的后浇混凝土叠合层中设置附加钢筋，附加钢筋截面面积不宜小于预制板内的同向分布钢筋面积，间距不宜大于600mm，在板的后浇混凝土叠合层内锚固长度不应小于15d，在支座内锚固长度不应小于15d（d为附加钢筋直径），且宜过支座中心线，如图2-10（b）所示。

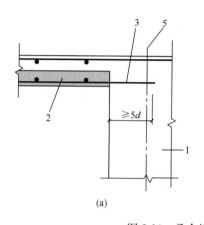 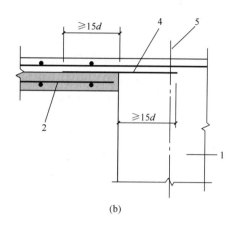

图2-10　叠合板板端及板侧支座构造示意图

（a）板端支座；（b）板侧支区

1—支承梁或墙；2—预制板；3—纵向受力钢筋；4—附加钢筋；5—支座中心线

《装配式混凝土建筑技术标准》GB/T 51231—2016规定，当桁架钢筋混凝土叠合板板端支座构造满足以下条件时，也可采取支座附加钢筋的形式；当桁架钢筋混凝土叠合板的后浇混凝土叠合层厚度不小于100mm且不小于预制板厚度的1.5倍时，支承端预制板内纵向受力钢筋可采用间接搭接方式锚入支承梁或墙的后浇混凝土中（图2-11），并应符合下列规定：

（1）附加钢筋的面积应通过计算确定，且不应少于受力方向跨中板底钢筋面积的1/3。

（2）附加钢筋直径不宜小于8mm，间距不宜大于250mm。

（3）当附加钢筋为构造钢筋时，伸入楼板的长度不应小于与板底钢筋的受压搭接长度，伸入支座的长度不应小于15d（d为附加钢筋直径）且宜伸过支座中心线；当附加钢筋承受拉力时，伸入楼板的长度不应小于板底钢筋的受拉搭接长度。伸入支座的长度不应小于受拉钢筋锚固长度。

（4）垂直于附加钢筋的方向应布置横向分布钢筋，在搭接范围内不宜少于3根，且钢筋直径不宜小于6mm，间距不宜大于250mm。

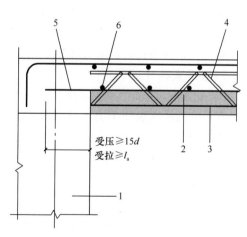

图2-11　桁架钢筋混凝土叠合板板端构造示意

1—支承梁或墙；2—预制板；3—板底钢筋；
4—桁架钢筋；5—附加钢筋；6—横向分布钢筋

2.3.2 接缝构造设计

1. 分离式接缝

《装配式混凝土结构技术规程》JGJ 1—2014 规定：单向叠合板板侧的分离式接缝宜配置附加钢筋，并应符合下列规定：

(1) 接缝处紧邻预制板顶面宜设置垂直于板缝的附加钢筋，附加钢筋伸入两侧后浇混凝土叠合层的锚固长度不应小于 15d（d 为附加钢筋直径）。

(2) 附加钢筋截面面积不宜小于预制板中该方向钢筋面积，钢筋直径不宜小于 6mm，间距不宜大于 250mm，如图 2-12 所示。

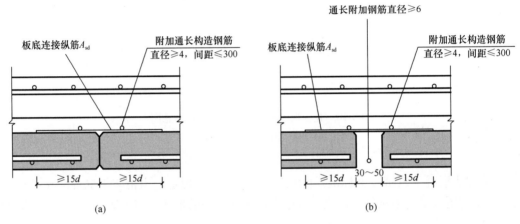

图 2-12 单向叠合板板侧拼缝构造（mm）

(a) 密拼接缝；(b) 后浇小接缝

这种接缝形式简单，有利于构件生产及施工。

采用密拼接缝形式板底往往会有明显的裂纹，当不处理或不吊顶时，会对美观有影响。后浇小接缝拼接形式效果不错。

2. 整体式接缝

《装配式混凝土结构技术规程》JGJ 1—2014 规定：双向叠合板板侧的整体式接缝宜设置在叠合板的次要受力方向且宜避开最大弯矩截面。接缝可采用后浇带形式（图 2-13），并应符合下列规定：

(1) 后浇带宽度不宜小于 200mm。

(2) 后浇带两侧板底纵向受力钢筋可在后浇带中焊接、搭接、弯折锚固、机械连接。

(3) 当后浇带两侧板底纵向受力钢筋在后浇带中搭接连接时，应符合下列规定：

1) 预制板板底外伸钢筋为直线形时（图 2-13a），钢筋搭接长度应符合现行国家标准《混凝土结构设计规范》GB 50010—2010（2015 年版）的有关规定；

2) 预制板板底外伸钢筋端部为 90°或 135°弯钩时（图 2-13b），钢筋搭接长度应符合现行国家标准《混凝土结构设计规范》GB 50010—2010（2015 年版）有关钢筋锚固长度的规定，90°或 135°弯钩钢筋弯后直段长度分别为 12d 和 15d（d 为钢筋直径）。

如图 2-13 (d) 所示的接缝预制、施工都很麻烦，目前很少有工程使用。

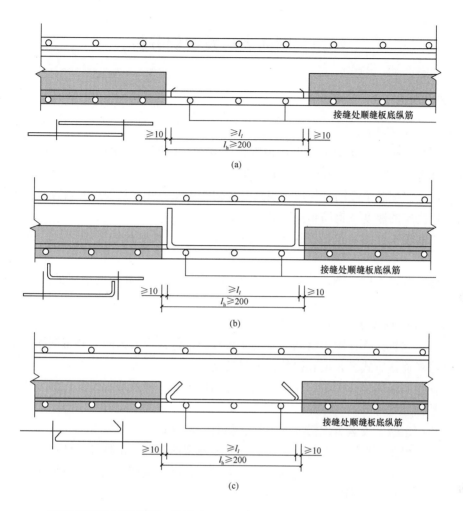

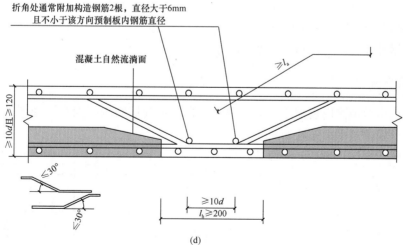

图 2-13　整体式拼缝构造大样图（mm）

（a）板底纵筋直线搭接；（b）板底纵筋末端带 90°弯钩搭接；

（c）板底纵筋末端带 135°弯钩搭接；（d）板底纵筋弯折锚固

2.4 图面表达及案例分析

2.4.1 图面表达

1. 施工图应表达的内容

(1) 预制板布置平面图中需表达预制板的划分，注明预制板的跨度方向、厚度、板号、数量及板底标高，标出预留洞口大小及位置；

(2) 现浇层配筋平面图，与现浇混凝土结构施工图一样，其表达的内容包括混凝土强度等级、现浇层的厚度及钢筋布置、搭接、锚固要求；

(3) 预制板大样图，包括模板图和配筋图，需注明预制板的详细尺寸、钢筋分布及规格；

(4) 连接节点大样详图，包括叠合板板间拼缝大样详图和与支承梁的连接节点大样详图。

2. 深化设计施工详图应表达的内容

(1) 在预制板大样详图中绘制钢筋具体布置图，包括受力钢筋、分布钢筋的布置以及钢筋搭接或者连接方式及长度和根数、下料长度；

(2) 在预制板大样详图中标注吊点及吊件的位置，各种预埋管线、孔洞、线盒及各种管线的吊挂预埋螺母等；

(3) 给出运输、安装方案需要的吊件、临时安装件；

(4) 给出设备需要预埋的管线、线盒，需要预留的孔洞、吊灯预埋件；

(5) 给出钢筋下料表，表内包括预制板编号、长度、宽度，混凝土总体积，预制板钢筋种类、数量、尺寸，钢筋总重量；

(6) 运输、吊装、安装顺序方案；

(7) 临时阶段验算的力学计算书。

应根据具体工程的特别要求进行设计。

2.4.2 案例分析

某学校宿舍拟采用装配式框架结构，宿舍的标准层结构平面布置如图 2-14 所示，宿舍的标准开间建筑平面布置如图 2-15 所示。

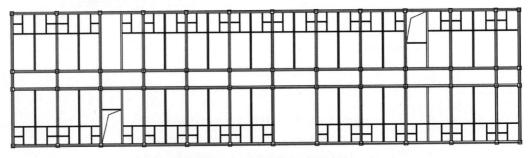

图 2-14 标准层结构平面布置图

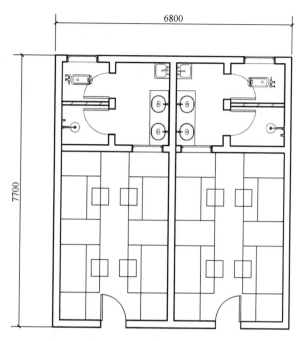

图 2-15 标准开间建筑平面布置图

预制板布置时，应尽量选择标准化程度高的板型，避免不规则板、设备管线复杂部位。对于本项目，预制部位与现浇部位的划分如图 2-16 所示（图中阴影部分为预制，非阴影部分为现浇），卫生间与阳台部分根据建筑需求降板，做法较复杂，且此处防水要求高，因而该部分采取现浇楼板。

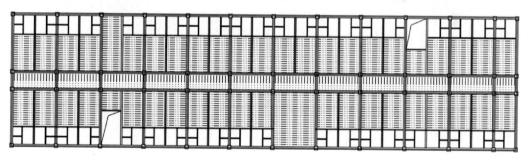

图 2-16 板平面布置图

在叠合板拆分时，应尽量选择拆分板块一致，并且避免板拼缝位置在弯矩较大处预留。本项目采用的叠合板预制板厚 60mm，现浇层厚 60mm，混凝土强度同主体结构。选取具有代表性的局部楼板进行分析，预制板平面布置如图 2-17 所示，以梁边为边界，长宽比大于 3 为单向板，如图 2-17 中 DLB1，长宽比小于 2 为双向板，如图 2-17 中 DLB2。

注： 预制板布置编号时，部分与柱相交的板块，因要根据柱角尺寸预留缺口，与其他相同尺寸的板在制作时有所不同，要区分编号。

依据国家建筑标准设计图集《桁架钢筋混凝土叠合板（60mm 厚底板）》15G366-1 的编号规则进行叠合板编号。单向叠合板用底板编号见图 2-18；双向叠合板用底板编号见图 2-19。

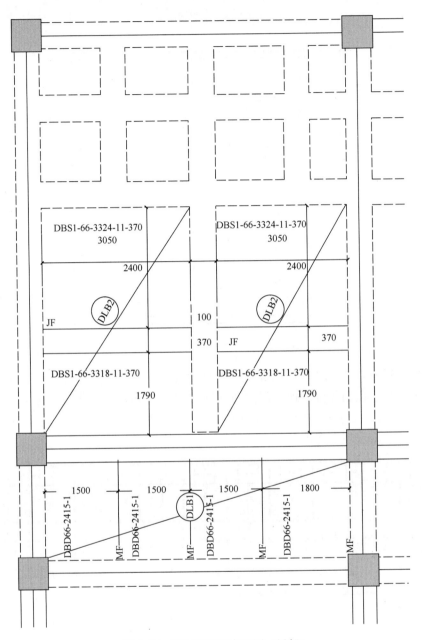

图 2-17 预制板平面布置图（局部）

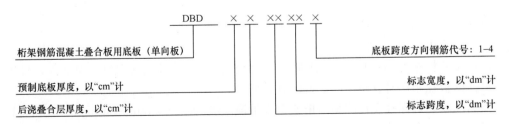

图 2-18 单向叠合板用底板编号

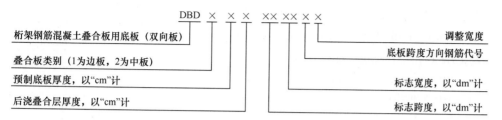

图 2-19 双向叠合板用底板编号

取编号 DLB3 整块楼板进行计算，计算过程如下：

（1）基本资料

叠合双向板（四边固接），混凝土强度等级 C30，钢筋强度等级 HRB400，$h=120\text{mm}$，$l_x=3300\text{mm}$，$l_y=4800\text{mm}$，$g=4.50\text{kN/m}^2$，$q=2.00\text{kN/m}^2$

（2）计算结果

1）跨中弯矩及配筋

$M_x=3.74\text{kN} \cdot \text{m}$；$A_{sx}=214.93\text{mm}^2$，实配：$\Phi 8@200$（$A_s=251.3\text{mm}^2$）

$M_y=1.95\text{kN} \cdot \text{m}$；$A_{sy}=214.93\text{mm}^2$，实配：$\Phi 8@200$（$A_s=251.3\text{mm}^2$）

2）支座弯矩及配筋

$$M'_x = 6.63\text{kN} \cdot \text{m}; A'_{sx} = 214.93\text{mm}^2$$

实配（左侧）＝实配（右侧）：$\Phi 8@200$（$A_s=251.3\text{mm}^2$）

$$M'_y = 5.09\text{kN} \cdot \text{m}; A'_{sy} = 214.93\text{mm}^2$$

实配（下侧）＝实配（上侧）：$\Phi 8@200$（$A_s=251.3\text{mm}^2$）

（3）裂缝宽度验算

1）X 方向板带跨中裂缝

$$M_q = 2.51\text{kN} \cdot \text{m}; F_{tk} = 2.01\text{N/mm}^2; h_0 = 96\text{mm}; A_s = 251\text{mm}^2$$

矩形截面

$$A_{te} = 0.5 \times b \times h = 60000\text{mm}^2; \rho_{te} = 0.004$$

当 $\rho_{te} < 0.01$ 时，取 $\rho_{te} = 0.01$

$$\sigma_{sq} = M_q/(0.87 \times h_0 \times A_s) = 119.422\text{N/mm}^2$$

裂缝间纵向受拉钢筋应变不均匀系数 ψ，按以下公式计算：

$$\psi = 1.1 - 0.65 \times \frac{f_{tk}}{\rho_{te} \times \sigma_{sq}} = 0.008，当 \psi < 0.2 时，取 0.2$$

$$\omega_{max} = \alpha_{cr} \times \psi \times \frac{\sigma_{sq}}{E_s} \times \left(1.9c + 0.08 \times \frac{D_{eq}}{\rho_{te}}\right) = 0.023，\omega_{max} = 0.023\text{mm} \leqslant 0.3\text{mm}$$

满足规范要求。

2）Y 方向板带跨中裂缝，计算方法同上：

$\omega_{max} = 0.013\text{mm} \leqslant 0.3\text{mm}$，满足规范要求。

3）左端支座跨中裂缝，计算方法同上：

$\omega_{max} = 0.100\text{mm} \leqslant 0.3\text{mm}$，满足规范要求。

4）下端支座跨中裂缝，计算方法同上：

$\omega_{max} = 0.047\text{mm} \leqslant 0.3\text{mm}$，满足规范要求。

5）右端支座跨中裂缝，计算方法同上：

$\omega_{\max} = 0.100\text{mm} \leqslant 0.3\text{mm}$，满足规范要求。

6）上端支座跨中裂缝，计算方法同上：

$\omega_{\max} = 0.047\text{mm} \leqslant 0.3\text{mm}$，满足规范要求。

（4）跨中挠度验算

X 方向挠度验算参数：

M_q——按荷载效应的准永久组合计算的弯矩值。

$$M_q = 2.51\text{kN} \cdot \text{m};h_0 = 96\text{mm}, A_s = 251\text{mm}^2$$

$$E_s = 200000\text{N/mm}^2; E_c = 29791\text{N/mm}^2; F_y = 360\text{N/mm}^2; F_{tk} = 2.01\text{N/mm}^2$$

1）裂缝间纵向受拉钢筋应变不均匀系数 ψ

矩形截面

$$A_{te} = 0.5 \times b \times h = 60000\text{mm}^2; \rho_{te} = 0.004$$

$$\sigma_{sq} = M_q/(0.87 \times h_0 \times A_s) = 113.510\text{N/mm}^2$$

裂缝间纵向受拉钢筋应变不均匀系数 ψ，按以下公式计算：

$$\psi = 1.1 - 0.65 \times \frac{f_{tk}}{\rho_{te} \times \sigma_{sq}} = -1.642$$，当 $\psi < 0.2$ 时，取 0.2

2）钢筋弹性模量与混凝土弹性模量的比值 α_E：

$$\alpha_E = E_s/E_c = 200000/29791 = 6.713$$

3）受压翼缘面积与腹板有效面积的比值 γ_f'：

矩形截面，$\gamma_f' = 0$

4）纵向受拉钢筋配筋率：

$$\rho = A_s/bh_0 = 0.00249$$

5）钢筋混凝土受弯构件的 B_s 按以下公式计算：

$$B_s = E_s \times A_s \times \frac{h_0^2}{\left(1.15\psi + 0.2 + 6 \times \alpha_E \times \dfrac{\rho}{1 + 3.5\gamma_f'}\right)} = 967.0462\text{kN} \cdot \text{m}^2$$

6）考虑荷载长期效应组合对挠度影响增大系数 θ：

按《混凝土结构设计规范》GB 50010—2010（2015 年版）第 7.2.5 条，当 $\rho' = 0$ 时，$\theta = 2.0$

7）受弯构件的长期刚度 B，可按下列公式计算：

$$B = B_s/\theta = 483.52$$

8）跨中挠度计算：

$$d_{ef} = \frac{k \times Q_l \times L^4}{B} = 2.890\text{mm}; f/L = 1/1142$$，满足规范要求。

Y 方向挠度验算同上：

$$d_{ef} = \frac{k \times Q_l \times L^4}{B} = 3.464\text{mm}; f/L = 1/953$$，满足规范要求。

区别于现浇楼盖，装配式楼盖施工图需要对现浇层的预制板分别进行配筋。现浇层的配筋如图 2-20 所示，叠合楼盖预制板的大样图包括模板大样图、配筋大样图和钢筋下料表。取两块代表性的预制板绘制详图及钢筋下料表。如图 2-21、图 2-22、表 2-1 所示。

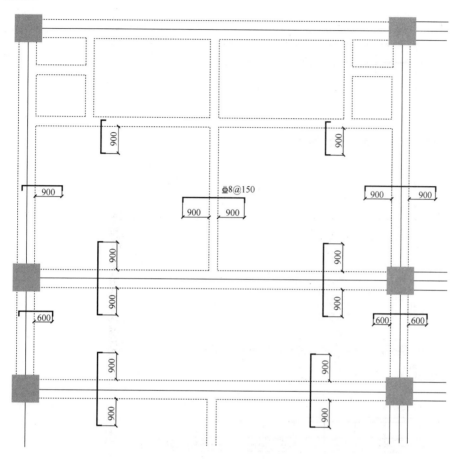

图 2-20　叠合板现浇层配筋图

注：图中未注明的支座配筋为￠8@200。

DBD66-2415-1 和 DBSI-66-3324-11-370-A 钢筋下料表　　表 2-1

编号	预制底板长度 L（mm）	预制底板宽度 B（mm）	预制底板钢筋①②④				预制底板桁架筋③			
			编号	直径	根数	尺寸	编号	直径	根数	尺寸
DBD66-2415-1	2120	150	①	8	9	2400	③a	8	3	2020
			②	6	13	1470	③b	8	6	2020
							③c	6	6	间距 200mm
	单块预制混凝土体积：0.19m³，钢筋质量：20.35kg									
DBSI-66-3324-11-370-A	3070	2400	①	8	14	3300	③a	8	4	2970
			②	8	15	40 　2815	③b	8	6	2970
			④	8	2	2370	③c	6	8	间距 200mm
	单块预制混凝土体积：0.44m³，钢筋质量：49.56kg									

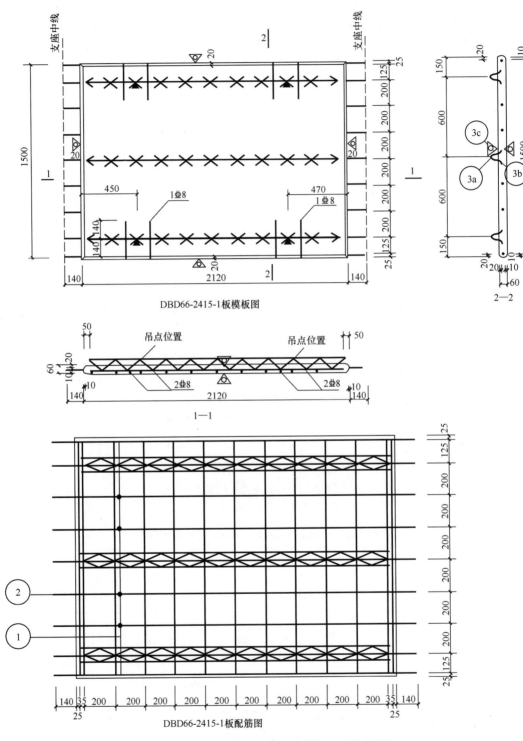

DBD66-2415-1板模板图

2—2

1—1

DBD66-2415-1板配筋图

图 2-21　DBD66-2415-1 模板大样图与配筋大样图

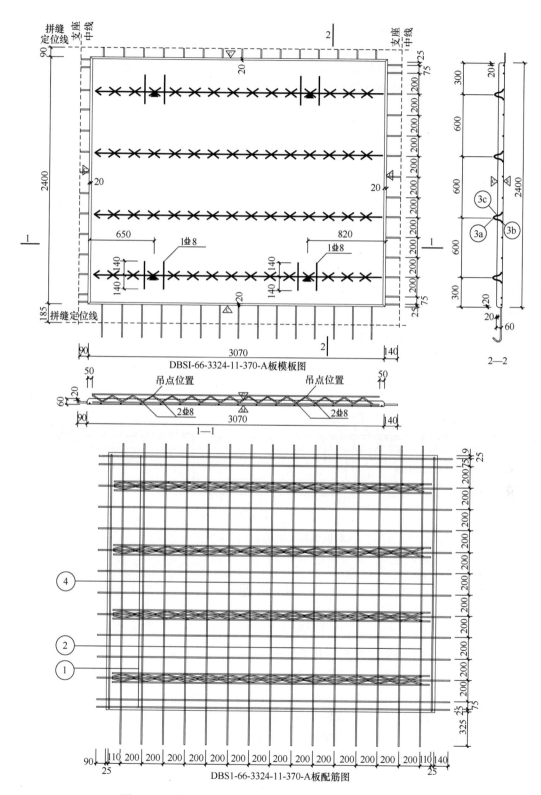

图 2-22　DBSI-66-3324-11-370-A 模板大样图与配筋大样图

DLB1 板间的拼缝采取分离式接缝，构造大样如图 2-23 所示。为保证楼板的整体性及传递水平力的要求，预制板内的纵向受力钢筋在板端宜伸入支座，并应符合现浇楼板下部纵向钢筋的构造要求。在预制板侧面及单向板长边支座，为了加工及施工方便，可不伸出构造钢筋，但应采用附加钢筋的方式，保证楼面的整体性及连续性。

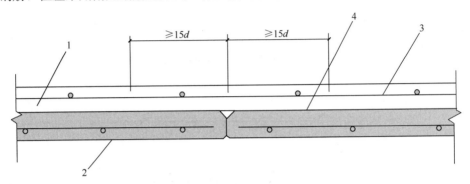

图 2-23　单向叠合板板侧分离式拼缝构造示意图

1—后浇混凝土叠合层；2—预制板；3—后浇层内钢筋，取Φ8@200；4—附加钢筋，取Φ8@200

DLB2、DLB3 板间的拼缝采取整体式接缝，构造大样如图 2-24 所示。

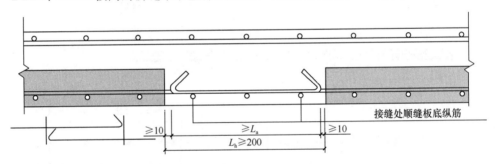

图 2-24　叠合板整体式接缝

（底板纵筋末端带 135°弯钩搭接）

习　题

单项选择题

1. 预制楼板在出场质量检测时其中长度允许偏差范围正确的是（　　　）。

（A）构件长度 $l<12\mathrm{m}$，允许偏差为±4mm

（B）构件长度 $l\geqslant12\mathrm{m}$，且 $<18\mathrm{m}$，允许偏差±15mm

（C）构件长度 $l\geqslant18\mathrm{m}$，允许偏差为±20mm

（D）构件长度 $l<12\mathrm{m}$，允许偏差为±10mm

2. 叠合板进场后应堆放于地面平坦处，堆放场地应平整夯实，并（　　　），堆放时底板与地面之间应有一定的空隙。

（A）保证地面清洁　　　　　　（B）保证足够的空间

（C）设有排水措施　　　　　　（D）叠加式摆放

3. 叠合板施工流程正确的是(　　)。

(A) 支撑体系搭设→叠合板吊具安装→叠合板吊运及就位→叠合板安装及校正→叠合板节点连接→预埋管线埋设→叠合板面层钢筋绑扎及验收→叠合板间拼缝处理→叠合板节点及面层混凝土浇筑→叠合板支撑体系拆除

(B) 支撑体系搭设→叠合板吊运及就位→叠合板吊具安装→叠合板安装及校正→叠合板节点连接→预埋管线埋设→叠合板面层钢筋绑扎及验收→叠合板间拼缝处理→叠合板节点及面层混凝土浇筑→叠合板支撑体系拆除

(C) 支撑体系搭设→叠合板吊具安装→叠合板吊运及就位→叠合板安装及校正→叠合板节点连接→叠合板面层钢筋绑扎及验收→预埋管线埋设→叠合板间拼缝处理→叠合板节点及面层混凝土浇筑→叠合板支撑体系拆除

(D) 支撑体系搭设→叠合板吊具安装→叠合板吊运及就位→叠合板安装及校正→叠合板面层钢筋绑扎及验收→预埋管线埋设→叠合板节点连接→叠合板间拼缝处理→叠合板节点及面层混凝土浇筑→叠合板支撑体系拆除

4. 当板底分布钢筋不伸入支座时，宜在紧邻预制板顶面的后浇混凝土叠合层中设置附加钢筋，附加钢筋截面面积不宜小于预制板内的同向分布钢筋面积，间距不宜大于(　　)mm。

(A) 200　　　　　(B) 400　　　　　(C) 600　　　　　(D) 800

5. 接缝处紧邻预制板顶面宜设置垂直于板缝的附加钢筋，附加钢筋伸入两侧后浇混凝土叠合层的锚固长度不应小于(　　)mm。

(A) $5d$　　　　　(B) $10d$　　　　　(C) $15d$　　　　　(D) $18d$

6. 叠合板中抗剪构造钢筋宜采用马镫形状，间距不宜大于(　　)mm。

(A) 200　　　　　(B) 300　　　　　(C) 400　　　　　(D) 500

7. 当板端不伸出锚固钢筋时，应沿板跨方向布置连系钢筋，间距不应大于(　　)mm。

(A) 200　　　　　(B) 400　　　　　(C) 600　　　　　(D) 800

8. 叠合板的预制板厚度不宜小于(　　)。

(A) 60mm　　　　(B) 65mm　　　　(C) 70mm　　　　(D) 75mm

9. 跨度大于(　　)的叠合板，宜采用预应力混凝土预制板。

(A) 3m　　　　　(B) 4m　　　　　(C) 5m　　　　　(D) 6m

码 2-1　第 2 章习题
参考答案

第 3 章　装配整体式框架结构设计

1. 掌握装配整体式框架结构的构件设计要点及关键连接节点设计、构件拆分设计及识图与制图要求。

2. 初步具备一般中小型民用装配整体式框架结构设计和构件深化设计的能力。

本章主要介绍行业标准《装配式混凝土结构技术规程》JGJ 1—2014 关于装配整体式框架结构的设计，包括框架结构设计的基本规定，框架结构的承载力计算，梁柱体系拆分设计原则，框架结构构造设计以及施工图表达。

3.1　装配整体式框架结构构件及连接

3.1.1　叠合梁构造要求

预制混凝土叠合梁是由预制混凝土地梁和后浇混凝土组成，分两阶段成型的整体受力水平结构受力构件。其下半部分在工厂预制，上半部分在工地叠合浇筑混凝土。

1. 叠合梁的截面尺寸

装配整体式框架结构与现浇框架结构在结构受力上相同，但为了减少叠合板的规格，便于布置叠合板，同时减少次梁与主梁的连接节点，设计时尽量减少次梁的布置。根据工程经验，框架梁梁高 $h = (1/12 \sim 1/8) L$，一般可取 $L/12$（L 为梁的跨度，下同）。同时，梁高的取值还要考虑荷载和跨度，在跨度较小且荷载不是很大的情况下，框架梁高度可以取 $L/15$，高度小于经验范围时，要注意复核其挠度是否满足规范要求。次梁 $h = (1/20 \sim 1/12) L$，一般可取 $L/15$，当跨度较小，受荷较小时，可取 $L/18$，悬挑梁，当荷载比较大时，$h = (1/6 \sim 1/5) L$，当荷载不大时，$h = (1/8 \sim 1/7) L$。

《建筑抗震设计规范》GB 50011—2010（2016 年版）规定：梁截面宽度不宜小于 200mm，截面高宽比一般为 2~3，但不宜大于 4；净跨与截面高度之比不宜小于 4。

2. 叠合梁的形式

叠合梁预制部分的截面形式可采用矩形或凹口截面。在装配整体式框架结构中，当采用预制叠合梁时，框架叠合梁的现浇混凝土叠合层厚度不宜小于 150mm，次梁的现浇混凝土叠合层厚度不宜小于 120mm，如图 3-1~图 3-3 所示，装配整体式结构里，楼板一般采用叠合板，梁、板的现浇层是一起浇筑的，预制部分有矩形截面和凹口形截面。当板的总厚度小于梁的现浇层厚度要求时，为增加梁的现浇层厚度，可采用凹口形截面预制梁。当采用凹口形截面预制梁时，凹口深度不宜小于 50mm，凹口边厚度不宜小于 60mm。由于叠合层厚度一般为 120mm，这样造成大多数叠合梁需做凹槽，造成梁预制时不方便，须进一步做试验验证。全装配式结构中，预制梁也可采用其他截面形式，如倒 T 形截面或者传统的花篮梁的形式等。

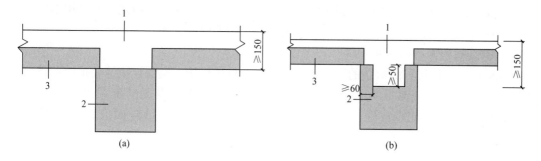

图 3-1　叠合梁截面（mm）

（a）预制部分为矩形截面；（b）预制部分为凹口形截面

1—叠合梁；2—预制梁；3—叠合层或现浇板

图 3-2　矩形叠合梁截面实例

图 3-3　凹口叠合梁截面实例

3. 叠合梁箍筋构造要求

考虑叠合梁与传统现浇梁施工工艺的差异，其箍筋配置可以采用不同的形式。《装配式混凝土结构技术规程》JGJ 1—2014 有如下规定：

（1）抗震等级为一、二级的叠合框架梁的箍筋加密区应采用整体封闭箍筋（图 3-4a）；

（2）采用组合封闭箍筋的形式时，开口箍筋上方应做成不小于 135°弯钩；非抗震设计时，弯钩端平直段长度不应小于 5d（d 为箍筋直径），抗震设计时，弯钩端平直段长度不应小于 10d（d 为箍筋直径）（图 3-4b）。

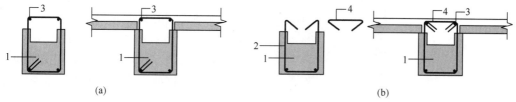

图 3-4　叠合梁箍筋构造示意

（a）整体封闭箍筋；（b）组合封闭箍筋

1—预制梁；2—预制箍筋；3—上部纵向钢筋；4—箍筋帽

实际上，从梁的整体性受力来讲，在施工条件允许的情况下，叠合梁的箍筋形式均宜采用闭口箍筋，当采用的闭口箍筋不便于再安装上部纵筋时，可采用组合封闭箍筋，即开口箍筋加箍筋帽的形式。由于对封闭组合箍筋的研究尚不够完善，因此在所受扭矩较大的梁和抗震等级为一、二级的叠合框架梁梁端加密区中不建议采用。

4. 叠合梁的其他构造要求

抗剪键槽是通过凹凸形状的混凝土传递剪力的抗剪机构，是保证接缝处抗剪承载力的关键技术措施。试验表明，当预制梁端采用键槽的方式时，其受剪承载力一般大于粗糙面，且易于控制加工质量及检测。因此预制框架梁在梁端结合面应设置抗剪键槽（图 3-5、图 3-6）。

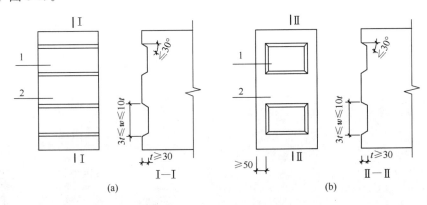

图 3-5 梁端键槽构造示意
（a）键槽贯通截面；（b）键槽不贯通截面
1—键槽；2—梁断面；w—键槽宽度

图 3-6 梁端键槽工程实例

预制梁在梁端结合面的键槽的深度 t 不宜小于 30mm，宽度 w 不宜小于深度的 3 倍且不宜大于深度的 10 倍；键槽可贯通截面，当不贯通时槽口距离截面边缘不宜小于 50mm；键槽间距宜等于键槽宽度；键槽端部斜面倾角角度不宜大于 30°。梁端键槽数量通常较少，一般为 1~3 个。

为加强预制梁与现浇混凝土叠合层之间接合面的混凝土粘结力，结合面处应设置粗糙面，粗糙面的面积不宜小于结合面的 80%，预制梁端的粗糙面凸凹深度不宜小于 6mm。根据大量试验以及日本的通用做法，在预制梁（含墙、柱）与预制板相交部位可以做成光面，这些部位对结构受力影响很小且有利于构件制作和脱模。

预制梁与普通现浇梁不一样，在预制构件的制作、吊装、运输、安装等环节中可能会产生一些不利的受力情况。所以在预制梁的预制面以下 100mm 范围内，应设置 2 根直径不小于 12mm 的腰筋，其他位置的腰筋应按《混凝土结构设计规范》GB 50010—2010（2015 年版）的要求设置，如图 3-7 所示。

由于装配式施工中除局部现浇区域外，无须采用传统的梁、板底模，为保证现场施工人员安全，在预制梁顶面两端宜各设置一根直径不宜小于 28mm、出预制梁顶面的高度不宜小于 150mm 的安全维护插筋（图 3-8），利用安全维护插筋来固定钢管，通过钢管间的安全绳固定施工人员佩戴的安全锁。设计时应注意安全维护插筋直径与钢管内径相匹配。

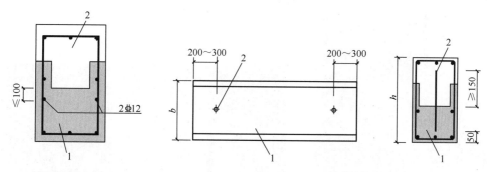

图 3-7　叠合梁腰筋构造（mm）　　　　图 3-8　预制梁顶面安全维护插筋示意图（mm）

1—预制梁；2—叠合层　　　　　　　　　1—预制梁；2—安全维护钢筋

3.1.2　预制柱构造要求

预制混凝土框架柱是建筑物的主要竖向结构受力构件，一般采用矩形截面。装配整体式框架结构的预制柱（图 3-9）除了要满足《混凝土结构设计规范》GB 50010、《高层建筑混凝土结构技术规程》JGJ 3、《建筑抗震设计规范》GB 50011 外，还要满足《装配式混凝土结构技术规程》JGJ 1 中相关的要求。

预制柱的设计还应符合下列规定：

（1）柱纵向受力钢筋直径不宜小于 20mm；

（2）矩形柱截面宽度或圆柱直径不宜小于 400mm，且不宜小于同方向梁宽的 1.5 倍；

（3）柱纵向受力钢筋采用套筒灌浆连接时，柱箍筋加密区长度不应小于纵向受力钢筋连接区域长度与 500mm 之和；套筒上端第一个箍筋距离套筒顶部不应大于 50mm（图 3-10）。

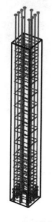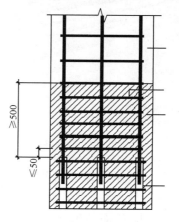

图 3-9　矩形截面　　　图 3-10　钢筋采用套筒灌浆连接

预制柱　　　　　　时柱底箍筋加密构造示意

在装配式结构当中，由于预制框架梁、柱的钢筋连接施工难度大，梁柱节点钢筋比较多，框架柱的纵筋连接通常采用套筒灌浆连接，预制柱上预留灌浆孔和溢浆孔（图3-11），套筒之间的净距不应小于25mm，钢筋间距要求比较大（图3-12）。套筒直径比较大，混凝土结构的保护层厚度（不小于20mm）需从套筒处箍筋的外侧算起，当灌浆套筒长度范围外柱混凝土保护层厚度大于50mm，宜对保护层采取有效的构造措施。

图 3-11　预制柱预留灌浆孔和溢浆孔示意

图 3-12　预制柱柱底钢筋和套筒示意

为保证钢筋间净距，预制框架柱的截面尺寸宜比常规的现浇柱截面尺寸大一点，或增大钢筋直径，减少钢筋根数。《装配式混凝土建筑技术标准》GB/T 51231—2016第5.6.3条规定，矩形柱截面边长不宜小于400mm，圆形截面柱直径不宜小于450mm，并要求柱截面宽度大于同方向梁宽的1.5倍。该项规定有利于避免节点区梁钢筋和柱纵向钢筋的位置冲突，便于安装施工，但用于住宅时，也容易凸出房间内，不方便使用。

框架柱可沿全高分阶段改变截面尺寸和混凝土强度等级，但不宜在同楼层同时改变截面尺寸和混凝土强度等级。装配式结构柱节点钢筋连接施工比较复杂，尽量少设计变截面柱，同时宜减少预制柱种类、方便生产，减少模具数量，简化施工流程。

3.1.3 预制楼梯的构造要求

预制混凝土楼梯板受力明确，外形美观，避免了现场支模，安装后可作为施工通道，节省了施工工期。预制楼梯有不带平台板的直板式楼梯和带平台板的折板式楼梯（图 3-13 和图 3-14）两种形式。预制板式楼梯的梯段板底应配置通长的纵向钢筋，板面宜配置通长的纵向钢筋；当楼梯两端均不能滑动时，板面应配置通长的钢筋。

预制楼梯与支承构件之间宜采用简支连接，采用简支连接时，应符合下列规定：

预制楼梯宜一端设置固定铰，另一端设

图 3-13 预制折板式楼梯

置滑动铰，其转动及滑动变形能力应满足结构层间位移的要求，且预制楼梯端部在支承构件上的最小搁置长度应符合表 3-1 的规定。

图 3-14 预制直板式楼梯

预制楼梯在支承构件上的最小搁置长度　　　　　　　　　　表 3-1

抗震设防烈度	6 度	7 度	8 度
最小搁置长度（mm）	75	75	100

预制楼梯设置滑动铰的端部应采取防止滑落的构造措施（图 3-15）。梯段高端支承为固定铰支座、低端支承为滑动铰支座构造，如图 3-16 所示。预制楼梯的预埋件和防滑条的示意如图 3-17、图 3-18 所示。

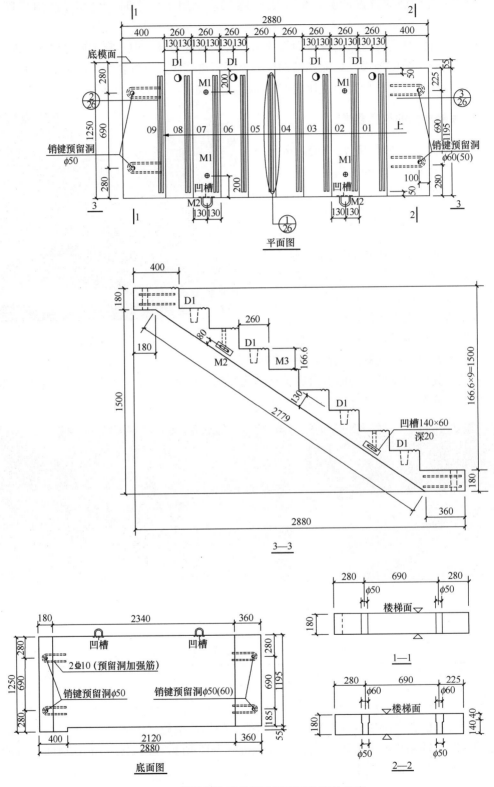

图 3-15 梯段板防滑条做法及预埋件定位示意

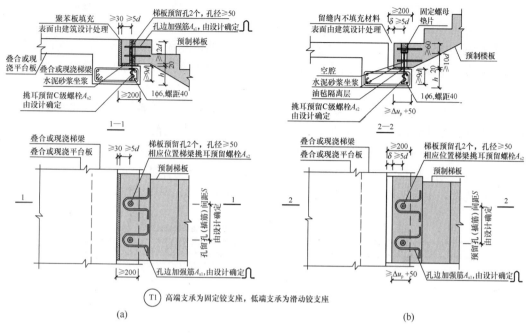

图 3-16　梯段高端支承为固定铰支座、低端支承为滑动铰支座构造示意

（a）高端支承固定铰支座；（b）低端支承滑动铰支座

图 3-17　预制楼梯预埋件示意

图 3-18　预制楼梯防滑条示意

3.1.4　预制混凝土构件的连接

1. 预制混凝土钢筋连接的方式

装配式混凝土结构中，构件与接缝处的纵向钢筋根据接头受力、施工工艺等情况的不同，可选用钢筋套筒灌浆连接、约束浆锚搭接、焊接连接、机械连接、绑扎连接等方式。

（1）钢筋套筒灌浆连接

钢筋套筒灌浆连接是在预制混凝土构件内预埋的金属套筒中插入钢筋并灌注水泥基灌浆料而实现的钢筋机械连接方式。装配式建筑的连接材料主要有钢筋连接用的灌浆套筒和灌浆料。

钢筋套筒灌浆连接适用于装配式混凝土结构的预制剪力墙、预制柱等预制构件的纵向钢筋连接，也可用于叠合梁等后浇部位的纵向钢筋连接（通常采用全灌浆接头）。

带肋钢筋插入套筒，向套筒内灌注无收缩或微膨胀的水泥基灌浆料，充满套筒与钢筋之间的间隙，灌浆料硬化后与钢筋横肋和套筒内壁凸肋紧密齿合，钢筋连接后外力能够有效传递。

钢筋套筒灌浆连接分为全灌浆套筒和半灌浆套筒两种形式。全灌浆套筒两端均采用灌浆方式与钢筋连接(图 3-19)；半灌浆套筒一端采用灌浆方式与钢筋连接，而另一端采用非灌浆方式与钢筋连接(通常采用螺纹连接)(图 3-20)。半灌浆接头主要适合于竖向钢筋连接，一般在工厂连接好，现场灌浆少、功效高、综合成本低，质量易保证；全灌浆接头，主要用于纵向钢筋连接，也可连接竖向钢筋。连接钢筋不需特别处理，安装方便，但须可靠密封。

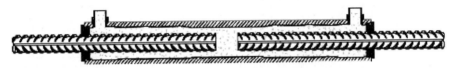

图 3-19　全灌浆套筒连接

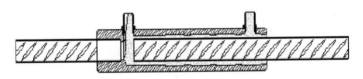

图 3-20　半灌浆套筒连接

采用灌浆套筒连接的钢筋，其屈服强度不应大于 500MPa，且抗拉强度不应大于 630MPa。套筒采用铸铁工艺制造时宜选用墨铸铁；采用机械加工工艺制造时宜选用优质碳素结构钢、低合金高强度结构钢、合金结构钢。灌浆料是以水泥为基本材料，配以适当的细集料，以及混凝土外加剂和其他材料组成的干混料，加水搅拌后具有良好的流动性及早强、高强、微膨胀等性能，填充于套筒和带肋钢筋间隙内的干粉料。

（2）约束浆锚搭接

约束浆锚搭接是在预制混凝土构件中钢筋搭接长度范围内设置螺旋箍筋约束的连接方式，将拉结钢筋锚固在带有螺旋筋加固的预留孔内，通过高强度无收缩水泥砂浆的灌浆后实现力的传递。可采用在预留孔中插入钢筋并注入水泥基灌浆料进行连接的约束浆锚搭接连接，或在搭接连接区域进行后浇混凝土连接的约束浆锚搭接连接（图 3-21、图 3-22）。

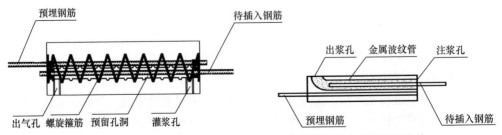

图 3-21　预留孔中插入钢筋并注入水泥基灌浆料的约束浆锚搭接连接

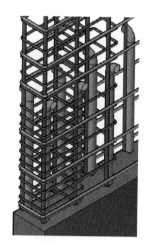

图 3-22 预留孔中插入钢筋并注入水泥基灌浆料的约束浆锚搭接连接实例

2．预制构件的连接

（1）叠合梁的连接

叠合梁可以采用对接连接（图 3-23），并应符合下列规定：

1）连接处应设置后浇段，后浇段的长度应满足梁下部纵向钢筋连接作业的空间要求；

2）梁下部纵向钢筋在后浇段内宜采用机械连接、套筒灌浆连接或焊接连接；

3）后浇段内的箍筋应加密，箍筋间距不应大于 $5d$（d 为纵向钢筋直径），且不应大于 100mm。

（2）主次梁连接

主次梁可采用对接连接，连接处应设置现浇段，现浇段的长度应满足梁下部纵向钢筋连接长度及作业的空间需求，梁下部纵向钢筋宜采用机械连接、套筒灌浆连接或焊接连接。

主梁与次梁的连接可采用现浇混凝土节点，即主梁上预留现浇段，混凝土断开而钢筋连续，以便穿过和锚固次梁钢筋。当主梁截面较高且次梁截面

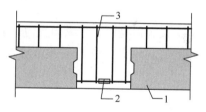

图 3-23 叠合梁连接节点示意
1—预制梁；2—钢筋连接接头；3—后浇段

较小时，主梁预制混凝土也可不完全断开，采用预留凹槽的形式供次梁钢筋穿过。主次梁采用后浇段连接时，应符合下列规定，如图 3-24 所示。

1）在端部节点处，次梁下部纵向钢筋伸入主梁现浇段的长度不应小于 $12d$，次梁上部纵向钢筋应在主梁现浇段内锚固。当采用弯折锚固或锚固板时，锚固直段长度不应小于 $0.6l_{ab}$；当钢筋应力不大于钢筋强度设计值的 50% 时，锚固直段长度不应小于 $0.35l_{ab}$；弯折锚固的弯折后直段长度不应小于 $12d$（d 为纵向钢筋直径）。

2）在中间节点处，两侧次梁的下部纵向钢筋伸入主梁现浇段内长度不应小于 $12d$（d 为纵向钢筋直径）；次梁上部纵向钢筋应在现浇层内贯通。工程实例如图 3-25 所示。

（3）预制柱的连接

叠合梁与预制柱连接节点构造要求为：采用预制柱及叠合梁的装配整体式框架中，柱底接缝设置在楼面标高处（图 3-26、图 3-27），并应符合下列规定：后浇节点区混凝土上

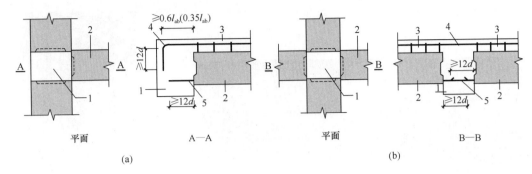

图 3-24　主次梁连接的构造要求

（a）端部节点；（b）中间节点

1—主梁现浇段；2—次梁；3—现浇混凝土叠合层；4—次梁上部纵向钢筋；5—次梁下部纵向钢筋

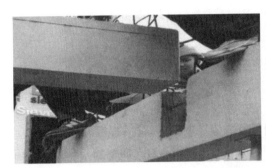

图 3-25　主梁与次梁的连接实例

表面应设置粗糙面；柱纵向受力钢筋应贯穿后浇节点区；柱底接缝厚度宜为 20mm，并应采用灌浆料填实。柱-柱拼接节点大样如图 3-28 所示。

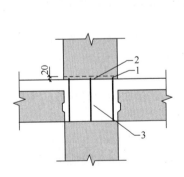

图 3-26　预制柱柱底接缝构造示意

1—后浇节点区混凝土上表面粗糙面；

2—接缝灌浆层；3—后浇区

图 3-27　预制柱柱接缝
结合面实例

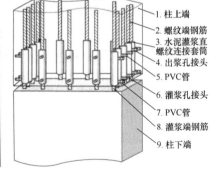

1. 柱上端
2. 螺纹端钢筋
3. 水泥灌浆直
　螺纹连接套筒
4. 出浆孔接头
5. PVC管
6. 灌浆孔接头
7. PVC管
8. 灌浆端钢筋
9. 柱下端

图 3-28　柱-柱拼接节点大样

（4）叠合梁与预制柱的连接

采用预制柱及叠合梁的装配整体式框架节点，梁纵向受力钢筋应伸入后浇节点区内锚固或连接，并应符合下列规定（图 3-29～图 3-32）：

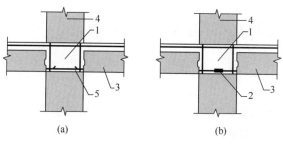

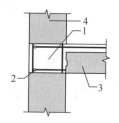

图 3-29　预制柱及叠合梁框架中间层中节点构造示意

（a）梁下部纵向受力钢筋锚固；（b）梁下部纵向受力钢筋连接

1—现浇区；2—梁下部纵向受力钢筋连接；3—预制梁；
4—预制柱；5—梁下部纵向受力钢筋锚固

图 3-30　预制柱及叠合梁框架
中间层端节点构造示意

1—现浇区；2—梁下部纵向受力
钢筋锚固；3—预制梁；4—预制柱

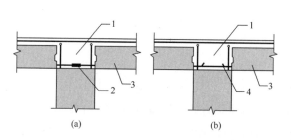

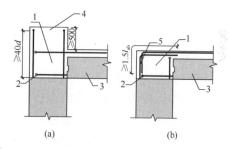

图 3-31　预制柱及叠合梁框架顶层中节点构造示意

（a）梁下部纵向受力钢筋连接；

（b）梁下部纵向受力钢筋锚固

1—现浇区；2—梁下部纵向受力钢筋连接；

3—预制梁；4—梁下部纵向受力钢筋锚固

图 3-32　预制柱及叠合梁框架顶层边
节点构造示意

（a）柱向上伸长；（b）梁柱外侧钢筋搭接

1—现浇区；2—梁下部纵向受力钢筋锚固；

3—预制梁；4—柱延伸段；

5—梁柱钢筋搭接

采用预制柱及叠合梁的装配整体式框架节点，梁下部纵向受力钢筋也可伸至节点区外的后浇段内连接（图 3-33），预制柱及叠合梁连接后的示意如图 3-34 所示。

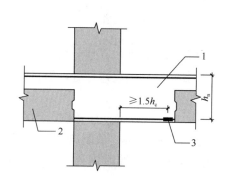

图 3-33　梁纵向钢筋在节点区外
的后浇段内连接示意

1—后浇段；2—预制梁；3—纵向受力钢筋连接

图 3-34　预制柱及叠合梁连接实例

3.2 装配整体式框架结构的构件拆分设计

3.2.1 构件拆分原则

装配整体式框架结构地下室与一层宜现浇,与标准层差异较大的裙楼也宜现浇;顶层楼板应现浇。其他楼层结构构件拆分原则如下:

1. 符合标准和政策要求的原则

装配式混凝土建筑结构拆分设计应当依据国家标准、行业标准和项目所在地的地方标准进行。

2. 各专业各环节协同原则

结构拆分设计须兼顾建筑功能、艺术、结构合理性、制作、运输、安装环节的可行性和便利性等,也包含对约束条件的调查和经济分析。拆分应当在各环节技术人员协作下完成。

3. 结构合理性原则

从结构合理性考虑,拆分原则如下:

(1)结构拆分应考虑结构的合理性。

(2)装配式框架结构中预制混凝土构件宜在构件受力最小的位置拆分,并依据套筒的种类、结构弹塑性分析结果(塑性铰位置)来确定构件接缝。

(3)高层建筑柱梁结构体系套筒连接节点应避开塑性铰位置。

梁拆分位置可以设置在梁端,也可以设置在梁跨中,拆分位置在梁的端部时,梁纵向钢筋套管连接位置距离柱边不宜小于 h(h 为梁高),不应小于 $0.5h$(考虑塑性铰,塑性铰区域内存在套管连接,不利于塑性铰转动)。

柱拆分位置一般设置在楼层标高处,底层柱拆分位置应避开柱脚塑性铰区域,每根预制柱长度可为 1 层、2 层或 3 层高。

(4)尽可能统一和减少构件规格。

(5)相邻、相关构件拆分协调一致。如叠合板拆分与支座梁拆分需协调一致。

3.2.2 构件拆分方法

由于预制构件连接部位是影响装配整体式结构性能的重要部位,划分预制构件时,从现浇结构上来讲,宜将连接设置在应力水平较低处,如梁、柱的反弯点处,但目前还较难实现。图 3-35 为几种可能的预制构件划分方法。

(1)梁预制、柱与梁柱节点现浇,如图 3-36 所示,也可以梁、柱预制,梁柱节点现浇,如图 3-37 所示。当梁柱节点现浇时,由于节点内钢筋拥挤,预制梁伸出钢筋较长,容易打架、碰撞,设计和制作构件时需采取措施避让,而且安装时需要控制构件吊装顺序,施工较为复杂。

(2)梁、柱、节点分别预制,在现场进行连接,如图 3-38 所示。

当采用该种连接形式时,各个预制节点与梁的结合面均要预留钢筋与梁连接,预留孔道供柱钢筋穿过。

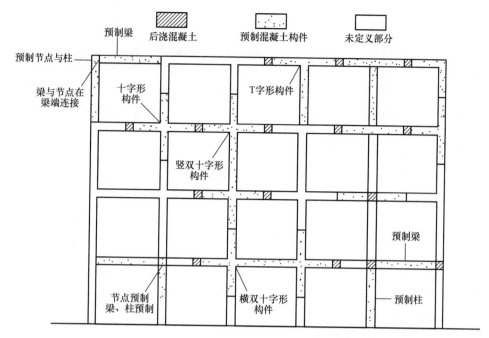

图 3-35 装配式框架结构预制构件的划分方法

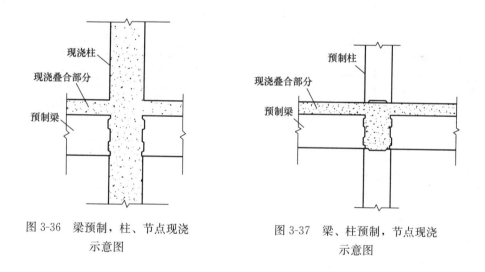

图 3-36 梁预制，柱、节点现浇
示意图

图 3-37 梁、柱预制，节点现浇
示意图

（3）梁柱节点与梁共同预制，节点内钢筋可在构件制作阶段布置完成，简化施工步骤，如图 3-39 所示。也可以梁柱节点与柱共同预制，在梁端和柱中进行连接，如图 3-40 所示。

（4）梁柱共同预制成 T 形或十字形构件，构件现场连接。此种方法可减少预制构件数量与连接数量，但在构件设计时应充分考虑构件运输与安装对构件尺寸和数量的限制。T 形构件连接形式、十字形构件连接形式和双十字形构件连接形式如图 3-41 ～ 图 3-43 所示。

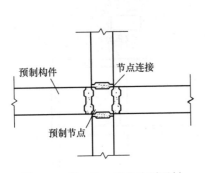

图 3-38 梁、柱、节点分别预制，
节点周边连接示意图

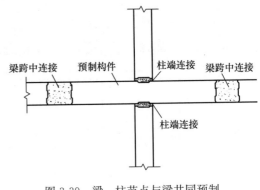

图 3-39 梁、柱节点与梁共同预制，
柱端、梁中连接示意图

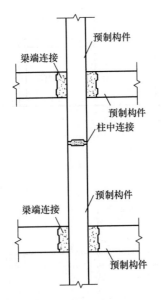

图 3-40 梁、柱节点与
柱共同预制，柱中、梁
端连接示意图

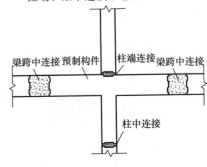

图 3-41 T形构件连接示意图

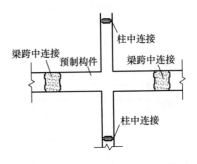

图 3-42 十字形构件连接示意图

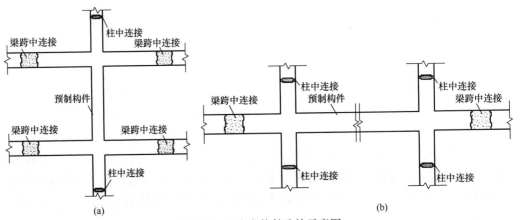

(a)　　　　　　　　　　　　　　　　　(b)

图 3-43 双十字构件连接示意图
(a) 竖向双十字形；(b) 横向双十字形

3.2.3　装配式框架结构构件拆分形式

1. 现浇梁柱节点

梁柱现浇节点往往被认为是刚性连接，装配式框架结构中梁柱节点现浇可使纵筋在节点中的锚固或贯通与现浇混凝土结构相同，由于单根梁柱预制时，模台占用面积较小，预制效率高，运输、吊装方便，因此现浇节点是比较常用的一种预制节点施工方式。

现浇梁柱节点在预制柱与预制梁相交的地方，预留柱端纵筋，预制梁端钢筋，现场绑扎梁上部钢筋、梁柱节点箍筋，然后浇筑节点区混凝土（图3-44）。

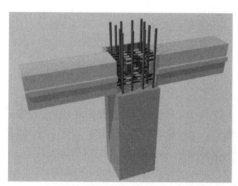

图 3-44　梁柱节点现浇

2. 现浇梁端节点

在预制柱与预制梁相交的地方，柱端预留连接钢筋，预制梁端也预留钢筋，现场绑扎梁上部钢筋、梁箍筋、梁端钢筋与柱端预留钢筋通过套筒连接或其他方式连接，然后浇筑混凝土（图3-45）。根据《装配式混凝土结构技术规程》JGJ 1—2014，套筒距柱边不少于 $1.5h_0$，h_0 为预制梁有效截面高度。

为减少柱侧伸出钢筋长度，当采用图3-46中梁钢筋连接方式时，当套筒左侧没有足够的塑性铰变形长度时，结合后的钢筋会产生应力集中而发生脆性破坏。因此应设计成强连接，即加强套筒左侧配筋，确保在罕遇地震作用下处于弹性阶段，使塑性铰在套筒右侧区段形成。设计时，套筒左侧梁柱结合部配筋荷载效应设计值可在右侧的荷载效应设计值基础上进行放大处理。以弯矩效应为例，其计算值可由式（3-1）进行计算。

$$M_2 = M_1 \times K_1 \times K_2 \tag{3-1}$$

式中　M_2——叠合梁配筋时放大后的弯矩设计值；

　　　M_1——套筒外侧配筋弯矩设计值；

　　　K_1——将 M_1 换算到梁端（柱边）时的系数；

　　　K_2——考虑钢筋强度离散性的放大系数。

此时套筒两端钢筋直径不同，应采用一头大一头小的套筒，即异径钢筋灌浆连接套筒。若柱截面较大，节点空间允许时，也可将套筒预埋在节点内，此时梁端钢筋设计与传统延性设计相同。

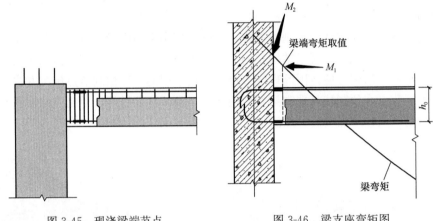

图 3-45　现浇梁端节点　　　　　　图 3-46　梁支座弯矩图

在《装配式混凝土建筑技术标准》GB/T 51231—2016 和《装配式混凝土结构技术规程》JGJ 1—2014 中没有强连接和延性连接的概念，但规定了按延性连接设计，如套筒距柱边一定距离形成塑性铰的长度等，如图 3-47 所示。

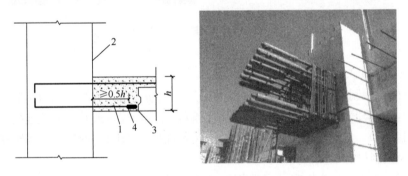

图 3-47　延性连接示意图和施工现场图
1—现浇梁端节点；2—预制柱；3—预制梁；4—钢筋套筒

3. 梁柱节点预制，柱端连接

梁柱节点预制，柱端连接示意如图 3-48 所示。在梁柱节点中设置供预制柱纵向受力钢筋穿过的波纹钢管，柱纵向钢筋穿过梁柱节点后用灌浆料填满钢筋与波纹钢管之间的空隙，在波纹钢管外设置规范要求的梁柱节点箍筋，如图 3-49 所示。考虑到在构件制作和施工过程中存在的偏差，同时为了让灌浆料有足够的空间流动，以填满波纹钢管管壁与钢筋之间的空隙，《新西兰装配式结构指导手册》建议波纹钢管的直径为穿过钢筋直径的2～3 倍。此方法对于构件制作以及安装过程的精准度要求较高。必要时，叠合板的面筋也要预留，且与现浇层的结合面应做成粗糙面。

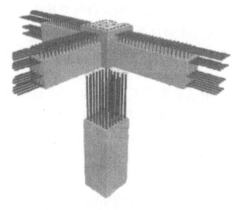

图 3-48　梁柱节点预制，柱端连接

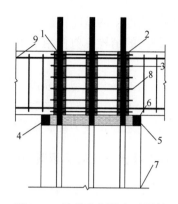

图 3-49　柱纵向钢筋穿过预制
梁灌浆示意图
1—柱纵筋；2—预制梁；3—波纹钢
管；4—灌浆进口；5—灌浆出口；
6—密封胶；7—预制柱；8—节点区
加密水平箍筋；9—梁纵筋

3.3　装配整体式框架结构的构件连接验算

装配整体式结构中，应重视构件间的连接计算，虽然在工厂生产的预制件质量比现浇构件更容易保证，但关键问题就在于构件间的连接是否有效与可靠。结构设计过程中，应按《建筑抗震设计规范》GB 50011—2010（2016 年版）和《混凝土结构设计规范》GB 50010—2010（2015 年版）验算节点核心区抗震功能，按《装配式混凝土结构技术规程》JGJ 1—2014 验算接缝受弯承载力、受剪承载力等以确保连接处的受力功能。

装配式框架结构中接缝主要有以下几种类型：叠合梁端结合面，叠合梁的新旧混凝土结合面，梁-梁拼接的结合面，主次梁的结合面，柱中、柱底的结合面等（图 3-50）。

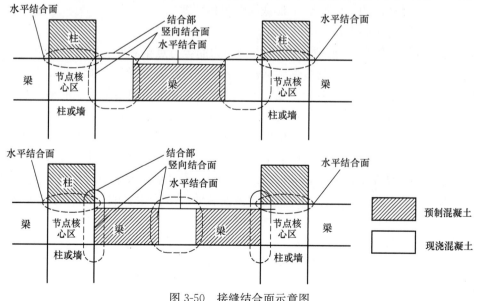

图 3-50　接缝结合面示意图

梁-柱节点中，接缝处的压力通过现浇混凝土、灌浆料或坐浆材料直接传递；拉力通过由各种方式连接的纵向钢筋、预埋件传递；剪力由结合面混凝土的粘结强度、键槽或者粗糙面、钢筋的销栓抗剪作用承担；接缝处于受压、受弯状态时，静力摩擦可承担一部分剪力。

为了结构的安全性与可靠度，结合面的受剪承载力是不考虑混凝土发自然粘结作用的，仅取混凝土抗剪键槽的受剪承载力、现浇层混凝土的受剪承载力、穿过结合面钢筋的销栓抗剪作用之和，作为结合面的抗剪承载力。这种做法在设计中是偏于安全的。

3.3.1 叠合梁接缝正截面承载力验算

对于装配整体式框架结构，在受力特点上与现浇混凝土框架结构相似。叠合框架梁为典型的受弯构件，根据现行《混凝土结构设计规范》GB 50010 中矩形截面受弯构件正截面受弯承载力的计算有：

$$M \leqslant \alpha_1 f_c bx\left(h_0 - \frac{x}{2}\right) + f'_y A'_s(h_0 - a'_s) - (\sigma'_{p0} - \sigma'_{py})A'_p(h_0 - a'_p) \tag{3-2}$$

混凝土受压区高度应按以下公式确定：

$$\alpha_1 f_c bx = f_y A_s - f'_y A'_s + f_{py}A_p + (\sigma'_{p0} f'_{py})A'_p \tag{3-3}$$

混凝土受压区高度尚应符合下列条件：

$$\begin{aligned} x &\leqslant \xi_b h_0 \\ x &\geqslant 2a'_s \end{aligned} \tag{3-4}$$

式中　　M——弯矩设计值；

$\quad\quad \alpha_1$——系数，按《混凝土结构设计规范》GB 50010—2010（2015 年版）第 6.2.6 条的规定计算；

A_s、A'_s——受拉区、受压区纵向普通钢筋的截面面积；

A_p、A'_p——受拉区、受压区纵向预应力钢筋的截面面积；

$\quad\quad \sigma'_{p0}$——受压区纵向预应力筋合力点处混凝土法向应力等于零时的预应力钢筋应力；

$\quad\quad b$——矩形截面的宽度或倒 T 形截面的腹板宽度；

$\quad\quad h_0$——截面有效高度；

a'_s、a'_p——受压区纵向普通钢筋合力点、预应力筋合力点至截面受压边缘的距离。

由上面公式可知，当叠合梁接缝处结合面需要进行正截面承载力验算时，影响其正截面承载力的因素主要有接缝的混凝土强度等级、穿过正截面且有可靠锚固的钢筋数量。

因为在装配整体式结构中，连接区的现浇混凝土强度一般不低于预制构件的混凝土强度，连接区的钢筋总承载力也不少于构件内钢筋承载力并且构造符合规范要求，所以接缝的正截面受拉承载力及受弯承载力一般不低于构件。叠合梁现浇段钢筋连接方式有绑扎搭接、机械连接和套筒灌浆连接等，需根据连接区的位置（梁端或梁中）及抗震等级，按规范选取。当采取绑扎搭接形式时，并不会对截面有效高度产生影响；当采用机械连接时，虽然机械连接套筒直径较大，但考虑机械套筒长度很短（一般只有几厘米），其对钢筋保护层厚度影响范围较小，可以忽略；但采用灌浆套筒连接时，由于套筒直径较大，为保证混凝土保护层的厚度从套筒外箍筋起算，截面有效高度会有所减少（图 3-51）。截面有效高度按下式取值：

$$h_0 = h - 20 - d_g - \frac{D}{2} \qquad (3-5)$$

式中　D——钢筋套筒直径（mm）；

　　h——梁的高度（mm）；

　　d_g——箍筋直径（mm）。

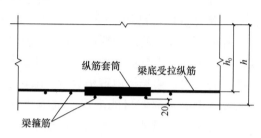

图 3-51　截面有效高度示意图

3.3.2　叠合梁端接缝受剪承载力验算

1. 接缝的受剪承载力应符合下列规定：

（1）持久设计状况：　　　　　　$\gamma_0 V_{jd} \leqslant V_u$ （3-6a）

（2）地震设计状况：　　　　　　$V_{jdE} \leqslant V_{uE}/\gamma_{RE}$ （3-6b）

在梁、柱端部箍筋加密区及剪力墙底部加强部位，尚应符合以下规定：

$$\eta_j V_{mua} \leqslant V_{uE} \qquad (3-6c)$$

式中　γ_0——结构重要性系数，按现行国家标准《混凝土结构设计规范》GB 50010 的规定选用；

　　V_{jd}——持久设计状况下接缝剪力设计值；

　　V_{jdE}——地震设计状况下接缝剪力设计值；

　　V_u——持久设计状况下梁端、柱端、剪力墙底部接缝受剪承载力设计值；

　　V_{uE}——地震设计状况下梁端、柱端、剪力墙底部接缝受剪承载力设计值；

　　V_{mua}——被连接构件端部按实配钢筋面积计算的斜截面受剪承载力设计值；

　　η_j——接缝受剪承载力增大系数，抗震等级为一、二级取 1.2，抗震等级为三、四级取 1.1。

2. 国家标准《装配式混凝土结构技术规程》JGJ 1—2014 和广东省《装配式混凝土建筑结构技术规程》DBJ 15-107-2016 规定，叠合梁端竖向接缝的受剪承载力设计值应按下列公式计算：

（1）持久设计状况

$$V_u = 0.07 f_c A_{cl} + 0.10 f_c A_k + 1.65 A_{sd} \sqrt{f_c f_y} \qquad (3-7)$$

在地震往复作用下，对现浇层混凝土部分的受剪承载力进行折减，参照混凝土斜截面受剪承载力设计方法，折减系数取 0.6。

（2）地震设计状况

$$V_{uE} = 0.04 f_c A_{cl} + 0.06 f_c A_k + 1.65 A_{sd} \sqrt{f_c f_y} \qquad (3-8)$$

式中　A_{cl}——叠合梁端截面现浇混凝土叠合层截面面积；

f_c ——预制构件混凝土轴心抗压强度设计值；

f_y ——垂直穿过接合面钢筋抗拉强度设计值；

A_k ——各键槽的根部截面面积之和（图 3-52），按现浇混凝土键槽根部截面和预制键槽根部截面分别计算，并取二者的较小值；

A_{sd} ——垂直穿过接合面所有钢筋的面积，包括叠合层内的纵向钢筋。

国内外众多研究所表明，混凝土抗剪键槽的受剪承载力一般为 $(0.15 \sim 0.2) f_c A_k$，但由于混凝土抗剪键槽的受剪承载力和钢筋的销栓抗剪作用一般不会同时达到最大值，因此在计算接缝的抗剪承载力中，对混凝土抗剪键槽的抗剪作用进行折减，取 $0.1 f_c A_k$。由于在实际工程中，梁截面都不会很大，梁端抗剪键槽数量有限，沿高度方向一般不会超过 3 个，不考虑群键作用。抗剪键槽破坏时，可能沿现浇键槽或预制键槽的根部破坏，因此，计算抗剪键槽受剪承载力时应按现浇键槽和预制键槽根部剪切面面积相等考虑。

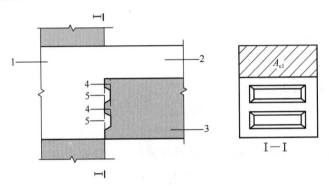

图 3-52　叠合梁受剪承载力计算参数示意
1—现浇节点区；2—现浇混凝土叠合层；3—预制梁；
4—预制键槽根部截面；5—现浇键槽根部截面

钢筋销栓作用的受剪承载力计算公式 $(1.65 A_{sd} \sqrt{f_c f_y})$ 主要参照日本的装配式框架设计规程中的规定，以及中国建筑科学研究院的实验研究结果，同时考虑混凝土强度及钢筋强度的影响。

3.3.3　叠合梁叠合面受剪承载力验算

对于叠合梁来说，叠合梁的斜裂缝发展到叠合面时，当混凝土的主拉应力达到其抗拉强度时，就会沿叠合面出现一系列细微斜裂缝，并沿叠合面向水平方向发展一段距离，叠合面上下混凝土发生相对滑移。随着剪力增大，相对滑移会增大，叠合面裂缝也会相应增大，然后才会再向斜上方发展。而沿叠合面发生水平裂缝的梁是由于斜裂缝的发展而导致的剪压破坏，破坏比较突然，所以有必要对叠合面受剪承载力进行复核。广东省《装配式混凝土建筑结构技术规程》DBJ 15-107-2016 有如下规定：

$$V \leqslant 1.2 f_t b h_0 + 0.85 f_{yv} \frac{A_{sv}}{s} h_0 \tag{3-9}$$

式中　V ——验算截面的剪力设计值；

f_t ——混凝土的抗拉强度设计值，取叠合层和预制构件中的较低值；

f_{yv} ——箍筋的抗拉强度设计值；

b、h_0——分别为叠合梁宽度和有效高度;

A_{sv}——配置在同一截面内箍筋各肢的全部截面面积;

s——沿构件长度方向的箍筋间距。

该公式是按照美国 PCI 手册的建议,采用图 3-53 模型,在不考虑箍筋作用的假设下剪切试验结果与叠合梁叠合面抗剪强度之间的关系。参照斜截面抗剪计算公式的建立原则,用公式 $\tau = \dfrac{V}{bz}$,并按通常做法近似取 $z=0.85h_0$,则可得上述公式。

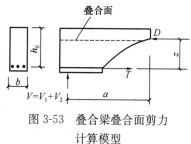

图 3-53　叠合梁叠合面剪力计算模型

需要注意的是,当配箍率低于 0.1% 时,箍筋对叠合面抗剪基本不起作用。因此,只有当 $\rho_{sv} \geqslant 0.1\%$ 时,叠合面抗剪才能用上述公式验算,否则只能按无箍筋叠合面进行验算。

3.3.4　预制柱柱底结合面受剪承载力验算

预制柱柱底结合面的受剪承载力的组成主要包括:新旧混凝土结合面的粘合力、粗糙面或键槽的抗剪能力、轴压的摩擦力、柱纵向钢筋的销栓抗剪作用或摩擦抗剪作用,其中后两者为受剪承载力的主要组成部分。在地震往复作用下,混凝土自然粘结及粗糙面的受剪承载力丧失较快,计算中不考虑其作用。在非抗震设计时,柱底剪力通常较小,一般不需要验算。

当柱受压时,计算轴压产生的摩擦力时,柱底接缝灌浆层上下表面接触的混凝土均有粗糙面及键槽构造,因此摩擦系数可取 0.8。在《装配式混凝土建筑技术标准》GB/T 51231—2016 中,钢筋销栓作用的受剪承载力计算公式与梁受剪承载力计算公式相同,都是参照日本装配式框架设计规程中的规定,以及中国建筑科学研究院的试验结果得出的。

抗震设计时,预制柱底水平接缝的受剪承载力设计值应按下列公式计算:

当预制柱受压时:

$$V_{uE} = 0.8N + 1.65A_{sd}\sqrt{f_c f_y} \tag{3-10}$$

而当柱受拉时,没有轴压产生的摩擦力,且由于钢筋受拉,计算钢筋销栓作用时,需要根据钢筋中的拉应力结果对销栓受剪承载力进行折减。

试验研究表明,预制柱的水平接缝处,受剪承载力受柱轴力影响较大。当柱受拉时,水平接缝的抗剪能力较差,易发生接缝的滑移错动。因此,应通过合理的结构布置,避免柱的水平接缝处出现拉力。

当预制柱受拉时:

$$V_{uE} = 1.65A_{sd}\sqrt{f_c f_y \left[1 - \left(\dfrac{N}{A_{s1} f_y}\right)\right]} \tag{3-11}$$

式中　f_c——预制构件混凝土轴心抗压强度设计值;

　　　f_y——垂直穿过结合面钢筋抗拉强度设计值;

　　　N——与剪力设计值 V 相应的垂直于结合面的轴向力设计值,取绝对值进行计算;

　　　A_{sd}——垂直穿过结合面所有钢筋的面积;

　　　V_{uE}——地震设计状况下接缝受剪承载力设计值。

3.4 设计深度要求及图面表达

3.4.1 结构施工图设计深度要求

装配式混凝土构架结构的施工图设计深度要满足现浇结构设计文件的编制深度，如包括图纸目录、设计说明、基础施工图、按顺序排列的各部分的结构平面图等，除此之外还需包括装配式结构部分特有的装配式结构说明、预制构件详图、连接节点大样图等。

预制构件种类、常用代码及构件编号说明如下：

（1）预制柱编号由柱代码、序号组成，预制柱编号为YKZ-XX（图3-54）。在平面布置图中，应标注未居中的梁柱与轴线的定位，且须标明预制构件的装配方向。柱配筋可用柱平法表示，也可用柱表形式表示。当预制柱为正方形柱，且两方向配筋不一样时，应使用"▲"在平面图及详图大样中表示其预制件安装方向。《装配式混凝土建筑技术标准》GB/T 51231—2016 和《装配式混凝土结构技术规程》JGJ 1—2014 未区分抗侧力结构和抗重力结构，因此所有柱均按框架柱编号，当设计有抗重力预制结构柱时，可编号YZ-XX。

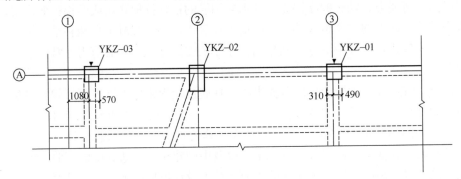

图 3-54 预制柱平面示意图

预制柱的配筋表示方式与现浇结构相同，可参照图集《混凝土结构施工图平面整体表示方式制图规则和构造详图（现浇混凝土构架、剪力墙、梁、板）》16G101-1，大样宜采用柱表形式表示，且尽可能减少不同形式的截面配筋，做到简化施工和便于深化设计。预制柱的拆分需在图纸中进行说明，预制柱长度应根据吊装及运输的要求进行考虑，不宜太长，以致增加运输与吊装的难度；亦不宜太短，导致构件数量过多，增加工作量。

（2）预制梁编号由梁代号、序号组成，预制梁编号为PCL-XX。当预制梁数量、种类较多时，可将梁编号分成两个方向，梁编号可为DKLX-XX、DLY-XX（图3-55）。在平面布置图中，应标注未居中的梁柱与轴线定位。同时预制梁由于梁支座配筋有可能不一样，故还需标明预制配件的装配方向。为方便现场施工安装，应在梁施工图及详图大样中用"正面方向（▲）"来表示预制梁的方向，当预制梁的梁两端支座配筋一样时，可不表示。

（3）预制梁的配筋可表示在结构平面图中（图3-56），可参照图集《混凝土结构施工图平面整体表示方法制图规则和构造详图（现浇混凝土构架、剪力墙、梁、板）》16G101-1，也可以仅在平面图中标示梁编号，配筋以梁表的形式表示在预制构件详图中。

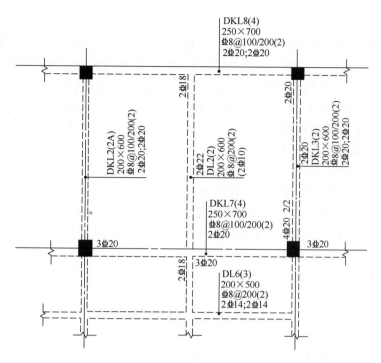

图 3-55　预制梁（叠合梁）平面示意图

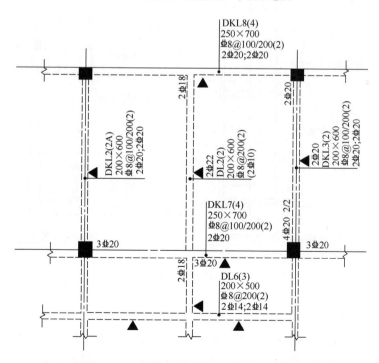

图 3-56　预制梁（全预制梁）平面示意图

装配式结构中应尽量归并截面与配筋，这样才能将装配式结构的优点最大化。

　　预制梁的拆分与现浇段的长度需在图纸中表示或说明。预制梁的长度应根据吊装及运输的要求考虑，不宜太长，以致增加运输与吊装的难度；也不宜太短，导致构件数量过多，增加工作量。

（4）预制梁、柱大样图应包括：构件模板图（应表示模板尺寸、预留洞及预埋件位置、尺寸、预埋件编号、必要的标高等。后张预应力构件尚需表示预留孔道的定位尺寸、张拉端、锚固端等）；构件配筋图（纵剖面表示钢筋形式、箍筋直径与间距，配筋复杂时宜将非预应力筋分离绘出；横剖面注明断面尺寸、钢筋规格、位置、数量等）；键槽尺寸与粗糙面要求；需作补充说明的内容。对形状简单、规则的现浇或预制构件，在满足上述规定前提下，可用列表法绘制。

例如：层高 3000mm，二层柱，柱截面尺寸为 400mm×400mm，纵筋为 8Φ20，箍筋为Φ8@100/200，柱箍筋加密区长度应大于纵向受力钢筋连接区域长度与 500mm 之和（图 3-57）。根据第 2 章内容，采用 CT20 型灌浆套筒，套筒外径为 45mm。套管长度为 230mm；套筒上端第一道箍筋距离套筒顶部不大于 50mm；柱底接缝高度为 20mm；柱底键槽深度为 30mm，键槽端部斜面倾角不宜大于 30°；在预制柱详图中还需补充必要的说明，如材料要求（混凝土、钢筋、套筒等），允许误差，检测要求，规范、图集等。

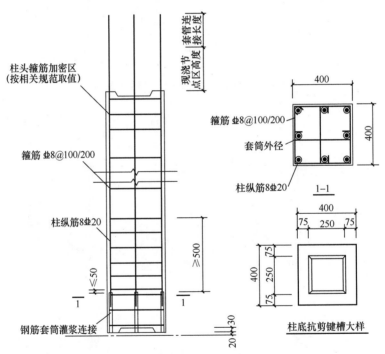

图 3-57　预制柱详图和抗剪键槽大样

（5）绘制连接节点大样图或通用图表时（图 3-58），预制装配式结构的节点，梁、柱与墙体等详图应绘出平、剖面图，注明相互定位关系，构件符号、连接材料、附加钢筋（或埋件）的规格、型号、性能、数量，并注明连接方法以及对施工安装、现浇混凝土的有关要求等。

例如：在上述现浇梁柱节点例子中，梁面筋通长穿过节点，梁底筋伸至另一预制梁端并锚固；预制梁在预制柱上的搁置长度一般不宜少于 10mm。在预制构件的深化图中还需补充必要说明，如材料要求（混凝土、钢筋、套筒等），允许误差，检测要求，规范、图集等。

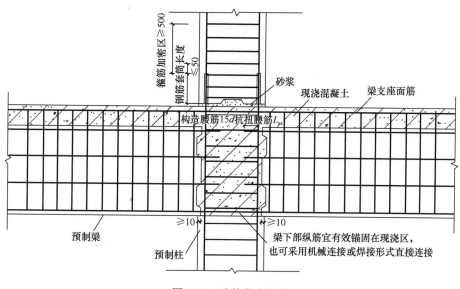

图 3-58　连接节点大样

3.4.2　装配式框架结构深化设计的设计深度要求

装配式框架结构深化设计除施工图已表达的内容外，还应包括以下几点：

（1）应对结构施工图进行下一步细化，应补充预制梁、柱深化详图，应根据施工图梁、柱大样（表）和节点大样图，标注纵向钢筋与构件外边线的定位尺寸、钢筋间距、根数、钢筋外露长度、下料长度、锚固或驳接细部尺寸，钢筋连接用套灌浆套筒、浆锚搭接约束筋及其他钢筋连接用预留必须明确标注尺寸；粗糙面或键槽的细部尺寸；梁柱节点、主次梁节点、构件驳接等详图。

（2）对建筑、机电设备、精装修等专业在预制梁、柱上的预留洞口、预埋管线等进行综合设计，进行碰撞检查，绘制预留管线定位详图。

（3）对建筑、机电设备、精装修等专业在预制梁、柱上的安装预埋件、吊挂用的预埋螺母、螺杆等进行综合设计，绘制预埋件详图和埋件布置图。预埋件详图内容包括材料要求、规格、尺寸、焊缝高度、套丝长度、精度等级、埋件名称、尺寸标注；埋件布置图表达埋件的局部埋设大样及要求，包括埋设位置、埋设深度、外露高度、加强措施、局部构造做法；有特殊要求的埋件应在说明中注释。

（4）预制构件在翻转、运输、堆放吊装和安装定位等阶段的施工验算，预埋管线位置的补强设计和固定连接的预埋件与预埋吊件、临时支撑用预埋件在最不利工况下的施工验算。由于预制构件需满足运输车辆的运输尺寸和载重要求，对于超高、超宽、形状特殊的大型构件的运输和堆放应进行相应的复核和验算。

习　题

一、单项选择题

1. 预制梁断面应设置键槽，键槽的深度不宜小于(　　)。

(A) 20mm   (B) 30mm   (C) 40mm   (D) 50mm

2. 键槽的宽度不宜小于深度的 3 倍，且不宜大于深度的( )倍。

(A) 7   (B) 8   (C) 9   (D) 10

3. 当不贯通时槽口距离截面边缘不宜小于( )。

(A) 30mm   (B) 40mm   (C) 50mm   (D) 60mm

4. 当采用凹口截面预制梁时，凹口深度不宜小于( )mm。

(A) 30   (B) 40   (C) 50   (D) 60

5. 次梁的后浇混凝土叠合层厚度不宜小于( )mm。

(A) 100   (B) 120   (C) 150   (D) 180

6. 当采用叠合梁时，框架梁的后浇混凝土叠合层厚度不宜小于( )mm。

(A) 100   (B) 120   (C) 150   (D) 180

7. 适用于抗震结构的钢筋，其钢筋实测抗拉强度与实测屈服强度之比不小于( )。

(A) 1.35   (B) 1.25   (C) 1.45   (D) 1.30

8. 适用于抗震结构的钢筋，钢筋实测屈服强度与规定的屈服强度特征值之比不大于( )。

(A) 1.35   (B) 1.25   (C) 1.45   (D) 1.30

9. 适用于抗震结构的钢筋，最大力总伸长率不小于( )。

(A) 9%   (B) 11%   (C) 13%   (D) 10%

10. 套筒接头两端均采用灌浆方式连接钢筋，这种灌浆套筒为( )。

(A) 全灌浆套筒   (B) 铸造灌浆套筒

(C) 机械加工灌浆套筒   (D) 半灌浆套筒

11. 套筒接头一端采用灌浆方式连接，另一端采用非灌浆方式（通常采用螺纹连接）连接钢筋，这种灌浆套筒为( )。

(A) 全灌浆套筒   (B) 铸造灌浆套筒

(C) 机械加工灌浆套筒   (D) 半灌浆套筒

12. ( )既适用于竖向构件（墙、柱）的钢筋连接，也适用于横向构件（梁）的钢筋连接。

(A) 全灌浆套筒   (B) 铸造灌浆套筒

(C) 机械加工灌浆套筒   (D) 半灌浆套筒

13. ( )主要适用于竖向构件（墙、柱）的钢筋连接。

(A) 全灌浆套筒   (B) 铸造灌浆套筒

(C) 机械加工灌浆套筒   (D) 半灌浆套筒

14. ( )按非灌浆一端连接方式还分为直接滚扎直螺纹灌浆套筒、剥肋滚轧直螺纹灌浆套筒和镦粗直螺纹灌浆套筒。

(A) 全灌浆套筒   (B) 铸造灌浆套筒

(C) 机械加工灌浆套筒   (D) 半灌浆套筒

15. 混凝土构件的灌浆套筒长度范围内，预制混凝土柱箍筋的混凝土保护层厚度不应小于( )mm。

(A) 10   (B) 15   (C) 20   (D) 25

16. 将拉结钢筋锚固在带有螺旋筋加固的预留孔内，通过高强度无收缩水泥砂浆的灌浆后实现力的传递，这种预制构件钢筋连接方式为(   )。

(A) 钢筋浆锚搭接连接   (B) 套筒灌浆连接

(C) 直螺纹套筒连接   (D) 波纹管连接

17. 构件连接处钢筋位置应符合设计要求。当设计无具体要求时，应保证(   )。

(A) 框架节点处，梁纵向受力钢筋宜置于柱纵向钢筋内侧

(B) 框架节点处，梁纵向受力钢筋宜置于柱纵向钢筋外侧

(C) 框架节点处，梁纵向受力钢筋宜置于柱纵向钢筋上侧

(D) 框架节点处，梁纵向受力钢筋宜置于柱纵向钢筋下侧

二、多项选择题

1. 钢筋套筒连接接头由(   )部分组成。

(A) 光圆钢筋   (B) 带肋钢筋

(C) 套筒   (D) 预埋件

(E) 灌浆料

2. 下列钢筋中，适用于抗震结构的钢筋有(   )。

(A) HRB335   (B) HRB400E

(C) HRBF500   (D) HRB500E

(E) RRB500

3. 灌浆套筒按加工方式可以分为(   )。

(A) 全灌浆套筒   (B) 铸造灌浆套筒

(C) 机械加工灌浆套筒   (D) 半灌浆套筒

(E) 直螺纹灌浆套筒

4. 灌浆套筒按结构形式可以分为(   )。

(A) 全灌浆套筒   (B) 铸造灌浆套筒

(C) 机械加工灌浆套筒   (D) 半灌浆套筒

(E) 直螺纹灌浆套筒

5. 半灌浆套筒按非灌浆一端连接方式可以分为(   )。

(A) 直接滚轧直螺纹灌浆套筒   (B) 剥肋滚轧直螺纹灌浆套筒

(C) 铸造灌浆套筒   (D) 机械加工灌浆套筒

(E) 镦粗直螺纹灌浆套筒

6. 灌浆套筒主参数为被连接钢筋的 (   )。

(A) 伸长率   (B) 强度级别

(C) 直径   (D) 产品变型更新代号

(E) 类别

三、简答题

1. 简述装配整体式框架结构的叠合梁的构造要求。

2. 简述装配整体式框架结构的框架柱的构造要求。

3. 预制混凝土钢筋连接的方式有哪些？

4. 装配整体式框架结构的构件拆分设计从结构合理性考虑有什么原则？

5. 简述装配整体式框架结构的构件拆分方法。
6. 装配整体式框架结构的构件连接需要进行哪些验算?

码 3-1   第 3 章习题
参考答案

第4章　装配整体式剪力墙结构设计

【教学目标】

1. 了解装配整体式剪力墙结构体系，能够区分不同结构体系的结构特点和应用范围，掌握装配整体式剪力墙的不同构件形式和连接形式。

2. 掌握装配整体式剪力墙结构的拆分原则及验算方法，能够对装配整体式剪力墙构件进行合理拆分，能够进行水平缝抗剪验算和竖向缝的连接设计，掌握墙板间节点的连接原则。

3. 了解装配整体式剪力墙结构施工图深度和图面表达，能够对装配整体式剪力结构的设计进行合理的图面表达。

4.1　装配整体式剪力墙结构概述

4.1.1　装配整体式剪力墙结构体系

装配整体式剪力墙结构由早期的预制墙板结构发展而来。第二次世界大战结束之后欧洲一些国家出现了住房短缺的问题，为了解决人民住房的问题，国家开始发展住宅产业化。欧洲国家的装配式剪力墙结构可用于建造多高层建筑，一般在16～26层，日本的装配式剪力墙结构则在10层左右。发展至目前，美国、日本等一些国家也制定了装配式混凝土结构技术规程，并且对装配式剪力墙结构的结构体系和构件连接等方面做了相关的研究。

混凝土结构的部分或全部采用承重预制墙板，通过节点部位的后浇混凝土形成的具有可靠传力机制，并满足承载力和变形要求的剪力墙结构，简称装配整体式剪力墙结构。

装配整体式剪力墙体系的主要做法有三种：全部或部分预制剪力墙结构、叠合式剪力墙结构及预制剪力墙外墙模板结构。

1. 全部或部分预制剪力墙结构

内外墙均为预制、连接节点部分现浇的剪力墙结构，简称全部预制剪力墙结构；内墙现浇、外墙全部或部分预制、连接节点部分现浇的剪力墙结构，简称部分预制剪力墙结构。

全部或部分预制剪力墙结构（图4-1）通过竖缝节点区后浇混凝土和水平缝节点区后浇混凝土带或圈梁实现结构的整体连接。北方地区外墙板一般采用夹心保温墙板，它由内叶墙板、夹心保温层、外叶墙板三部分组成，内叶墙板和外叶墙板之间通过拉结件连接，可实现外装修、保温、承重一体化。这种剪力墙结构工业化程度高，预制内外墙均参与抗震计算，但对外墙板的防水、防火、保温的构造要求较高，是《装配式混凝土结构技术规程》JGJ 1—2014中推荐的主要做法，可用于高层剪力墙结构。

图 4-1　装配整体式剪力墙

2. 叠合式剪力墙结构

叠合式剪力墙结构即将剪力墙从厚度方向划分为三层，内外两层预制，通过桁架钢筋连接，中间现浇混凝土，墙板竖向分布钢筋和水平分布钢筋通过附加钢筋实现间接搭接，如图 4-2 所示。该种做法目前纳入安徽省地方标准《叠合板式混凝土剪力墙结构技术规程》DB34/T 810—2020。

图 4-2　叠合式剪力墙

叠合式剪力墙结构可分为单侧叠合混凝土剪力墙结构和双面叠合混凝土剪力墙结构两种方式。

（1）单侧叠合混凝土剪力墙结构

单侧叠合混凝土剪力墙结构，其单侧预制的剪力墙板一般作为结构的外墙，可兼作外侧模板，预制墙板一侧设置叠合筋，现场施工时需单侧支模，绑扎钢筋并浇筑混凝土叠合层。

（2）双面叠合混凝土剪力墙结构

该结构体系的预制墙板可作为内外侧的模板，既可用于外墙又可用于内墙，预制部分由两片预制墙板和格构钢筋组成，在现场吊装就位后两层板中间穿钢筋并浇筑混凝土。该结构体系已纳入国家标准《装配式混凝土建筑技术标准》GB/T 51231—2016 的附录。

为适应我国的实际情况，该体系尚在进一步研发与改良中。比如，增加后浇边缘构件或采用多扣连续箍筋约束的边缘构件构造方式，后者同时将边缘构件的竖向受力主筋移至后浇区内。

3. 预制剪力墙外墙模板结构

如图 4-3 所示，剪力墙外墙通过预制的混凝土外墙模板和现浇部分形成，其中预制外墙模板设衔架钢筋与现浇部分连接，可部分参与结构受力。该种做法目前纳入上海市工程建设规范《装配整体式混凝土住宅体系设计规程》DGTJ08-2071-2010，技术较成熟，抗震性能和外墙防水较好，现场施工方便。

图 4-3　预制剪力墙外墙模板

装配整体式剪力墙结构体系的特点是结构连接采用竖向和水平两种方式，竖向连接采用预留孔插入式浆锚连接方式，水平连接采用钢筋插销方式和叠合楼板、梁节点现浇方式。具体表现形式为：首先在设计阶段将住宅的各种构件拆分成标准部件，做到模具定型化，然后在工厂用专用模具预制加工，形成带装饰面及保温层的预制混凝土外墙板和阳台、带管线应用功能的内墙板、叠合梁板、柱、楼梯等构件部品，通过蒸汽养护成型后运到现场，采用大型吊装机械将各种构件现场装配，就位后再将构件之间的节点现浇连接成整体，形成完整的建筑结构。

该结构体系以构配件标准化设计，将大量的湿作业施工转移到工厂内，运用现代管理方法进行标准化生产，并将保温、装饰整合到预制构件生产环节中，使构件质量好，现场装配式施工速度快，原材料和施工水电消耗大幅下降，劳动强度降低。

4.1.2　装配整体式剪力墙结构构件形式

装配整体式剪力墙结构中，预制剪力墙构件在整体结构中受力特性与现浇墙体相同，但作为在工厂生产、现场安装的预制构件，其连接部位的构造及竖向钢筋连接要求与现浇结构不同。

预制剪力墙构件是装配式结构中重要承重构件，根据使用位置不同分为预制剪力墙外墙板和预制剪力墙内墙板。

1. 预制剪力墙内墙板

预制剪力墙内墙板（图 4-4）布置在装配式混凝土建筑内部，起着分隔房间、承受楼板荷载等作用。

2. 预制剪力墙外墙板

预制剪力墙外墙板（图 4-5、图 4-6）由内叶墙板、外叶墙板与中间保温板组成，通过连接件浇筑而成，也称为预制混凝土夹心保温剪力墙墙板（又称预制三明治外墙），内叶墙板为预制混凝土剪力墙，中间夹有保温层，外叶墙板为钢筋混凝土保护层。预制剪力墙外墙板是集承重、围护、保温、防水、防火等功能为一体的重要装配式预制构件。内叶墙板侧面在施工现场通过预留钢筋与现浇剪力墙边缘构件连接，底部通过钢筋灌浆套筒与下层预制剪力墙预留钢筋相连。

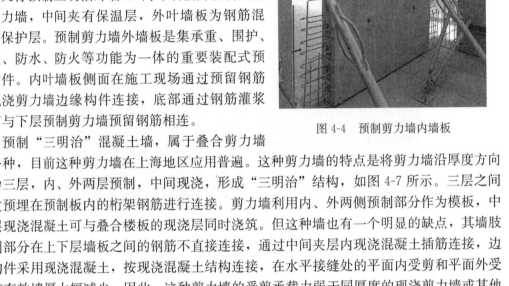

图 4-4　预制剪力墙内墙板

预制"三明治"混凝土墙，属于叠合剪力墙的一种，目前这种剪力墙在上海地区应用普遍。这种剪力墙的特点是将剪力墙沿厚度方向分为三层，内、外两层预制，中间现浇，形成"三明治"结构，如图 4-7 所示。三层之间通过预埋在预制板内的桁架钢筋进行连接。剪力墙利用内、外两侧预制部分作为模板，中间层现浇混凝土可与叠合楼板的现浇层同时浇筑。但这种墙也有一个明显的缺点，其墙肢预制部分在上下层墙板之间的钢筋不直接连接，通过中间夹层内现浇混凝土插筋连接，边缘构件采用现浇混凝土，按现浇混凝土结构连接，在水平接缝处的平面内受剪和平面外受弯使有效墙厚大幅减少。因此，这种剪力墙的受剪承载力弱于同厚度的现浇剪力墙或其他形式的装配整体式剪力墙，其最大使用高度也受到相应的限制。该结构体系最大适用高度：6 度、7 度区分别为 90m、80m，8 度区 0.2g、0.3g 分别为 60m、50m。叠合剪力墙空腔内宜浇筑自密实混凝土。单叶预制墙板厚不宜小于 50mm，空腔厚度不宜小于 100mm。

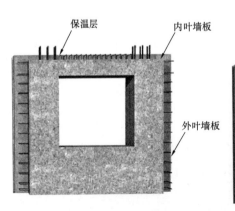

图 4-5　预制剪力墙外墙板示意

图 4-6　预制剪力墙外墙板

底部加强区部位宜现浇；楼层内相邻双面叠合剪力墙之间应采用后浇段实现整体式接缝连接；双面叠合剪力墙水平接缝高度不宜小于 50mm，接缝处现浇混凝土应浇筑密实，水平接缝处应设置竖向钢筋，并通过计算确定。

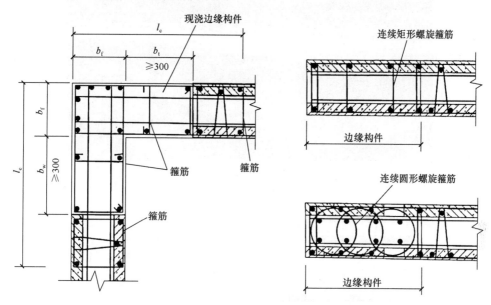

图 4-7　"三明治"叠合剪力墙截面构造示意图

　　叠合板式剪力墙技术源于欧洲。该种结构体系在德国等国家已经得到广泛的应用，具有施工方便快捷、有利于环保、工业化生产、构件质量容易控制等优点，但基本上没有考虑抗震设防的问题。

　　近年来，叠合板式剪力墙技术被引入国内。在推广之前科研工作者和企业积极开展了关于叠合板式剪力墙的研究，在一些地区已经得到推广并有相应的地方规范和标准颁布。主要有安徽省地方标准《叠合板混凝土剪力墙结构技术规程》DB34/T810—2020、湖南省地方标准《混凝土装配-现浇式剪力墙结构技术规程》DBJ 43T/301—2015、浙江省地方标准《叠合板式混凝土剪力墙结构技术规程》DB33/T 1120—2016、黑龙江省地方标准《预制装配整体式房屋混凝土剪力墙结构技术规程》DB23/T 1836—2016、上海市工程建设规范《装配整体式叠合剪力墙结构技术规程》DG/TJ 08-2266-2018、湖北省地方标准《装配整体式混凝土叠合剪力墙结构技术规程》DB42/T 1483—2018 等。

　　《预制装配整体式房屋混凝土剪力墙结构技术规程》DB23/T 1813—2016 中定义的叠合板式剪力墙（图 4-8），是由两层预制混凝土薄板通过格构钢筋连接制作而成的预制混凝土墙板，经现场安装就位并可靠连接后，在两层薄板中间浇筑混凝土而形成的装配整体式预制混凝土剪力墙。

　　在工厂生产预制构件时，在预制墙板的两层之间、预制楼板的上面，设置格构钢筋（图 4-9），既可作为吊点，又增加平面外刚度，防止起吊时开裂。在使用阶段，格构钢筋作为连接墙板的两层预制片与二次浇筑夹心混凝土之间的拉接筋，作为叠合楼板的抗剪键，对提高结构整体性和抗剪性能具有重要作用。由于板与板之间内含空腔，现场安装就位后再在空腔内浇筑混凝土，由此形成的预制和现浇混凝土整体受力的墙体俗称"双皮墙"。

图4-8　叠合板式剪力墙

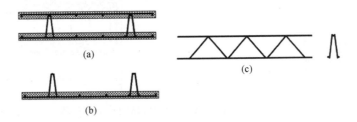

图4-9　预制构件及格构钢筋示意

（a）预制墙板；（b）预制楼板（上面浇筑叠合层）；（c）格构钢筋

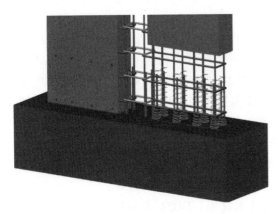

图4-10　约束浆锚搭接连接示意

叠合板式剪力墙的竖向连接同常规预制剪力墙不同，它是通过在空腔内插筋，然后内浇混凝土，将上下墙体连接成整体，结合面更大了。黑龙江宇辉新型建筑材料有限公司采用钢筋约束浆锚搭接连接技术（图4-10），其构造简单、安装方便，在满足结构安全性要求的同时，与其他同类连接方式相比成本更低。

4.1.3　装配整体式剪力墙结构连接形式

1. 套筒灌浆连接

套筒灌浆连接方式在日本、欧美等国家已经有长期、大量的实践经验，国内也已有充分的试验研究和相关规程，可以用于剪力墙竖向钢筋的连接。当房屋高度大于12m或层数超过3层时，宜采用套筒灌浆连接。

边缘构件是保证剪力墙抗震性能的重要构件，且钢筋较粗，为满足构件的强度要求每根钢筋应各自连接。在构件设计时，通常剪力墙拆分时现浇混凝土接缝区域与剪力墙的边缘构件区域不完全重合，部分边缘构件区域被划分为预制构件范围。预制边缘构件内的竖向钢筋的直径有时会很大。为方便施工，减少施工难度，可以选取直径较大的钢筋集中布置在边缘构件角部，中间布置分布钢筋（通常采用直径为 10mm 钢筋），如图 4-11 所示。在构件承载力计算时，分布钢筋不参与计算。位于现浇区域与预制区域边界处的钢筋应尽量布置在现浇区域，以减少套筒灌浆连接的钢筋数量，简化施工。根据规范要求，剪力墙竖向钢筋最大净距不得大于 300mm，采用套筒灌浆连接的钢筋直径不得大于 40mm。

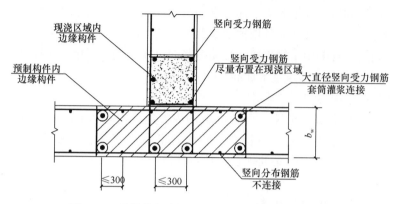

图 4-11　预制剪力墙边缘构件竖向钢筋连接示意图

套筒灌浆连接技术保障了装配整体式剪力墙结构的可靠性，但由于其对构件生产要求的精度高，施工工序较为繁琐，且由于剪力墙内竖向钢筋数量较多，逐根连接时会存在成本较高，生产、施工难度较大等问题。为解决这个问题，可在预制剪力墙中设置部分较粗的分布钢筋，并在接缝处仅连接这部分钢筋，被连接钢筋的数量应满足剪力墙的配筋率和受力要求；为了满足分布钢筋最大间距的要求，在预制剪力墙中再设置一部分较小直径的竖向分布钢筋。因此《装配式混凝土建筑技术标准》GB/T 51231—2016 规定：剪力墙边缘构件中的纵筋应逐根连接，竖向分布钢筋可以采用"梅花形"部分连接，形式如图 4-12 所示。

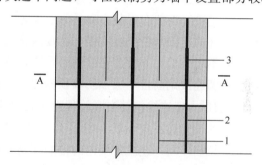

关于套筒灌浆连接，《装配式混凝土建筑技术标准》GB/T 51231—2016 还做了相关规定：（1）抗震等级为一级的剪力墙以及二、三级底部加强部位的剪力墙，剪力墙的边缘构件竖向钢筋宜采用套筒灌浆连接。（2）当上下层预制剪力墙竖向钢筋采用"梅花形"套筒灌浆连接时，应符合下列规定：连接钢筋的配筋率不应小于现行国家标准《建筑抗震设计规范》GB 50011—2011（2016 年版）规定的剪力墙竖向分布钢筋最小配筋率

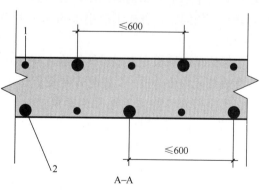

图 4-12　竖向分布钢筋"梅花形"套筒灌浆
连接构造示意
1—未连接的竖向分布钢筋；2—连接的竖向分布钢筋；
3—灌浆套筒

要求，连接钢筋的直径不应小于 12mm，同侧间距不应大于 600mm，且在剪力墙构件承载力设计和分布钢筋配筋率计算中不得计入未连接的分布钢筋；未连接的竖向分布钢筋直径不应小于 6mm。

剪力墙竖向分布钢筋在特定情况下还可以采用"单排连接"。"单排连接"属于间接连接，钢筋间接连接的传力效果取决于连接钢筋与被连接钢筋的间距以及横向约束情况。考虑地震作用的复杂性，在没有充分依据的情况下，剪力墙塑性发展集中和延性要求较高的部位墙身分布钢筋不宜采用单排连接。在墙身竖向分布钢筋采用单排连接时，为提高墙肢的稳定性，《装配式混凝土建筑技术标准》GB/T 51231—2016 第 5.7.9 款第 3 条对墙肢侧向楼板支撑和约束情况提出了要求。

除下列情况外，墙体厚度不大于 200mm 的丙类建筑预制剪力墙的竖向分布钢筋可采用单排连接，采用单排连接时，应符合《装配式混凝土建筑技术标准》GB/T 51231—2016 第 5.7.10 条、第 5.7.12 条的规定，且在计算分析时不应考虑剪力墙平面外刚度及承载力。

（1）抗震等级为一级的剪力墙；

（2）轴压比大于 0.3 的抗震等级为二、三、四级的剪力墙；

（3）一侧无楼板的剪力墙；

（4）一字形剪力墙、一端有翼墙连接但剪力墙非边缘构件区长度大于 3m 的剪力墙以及两端有翼墙连接但剪力墙非边缘构件区长度大于 6m 的剪力墙。

在满足接缝正截面承载力和受剪承载力要求外，剪力墙两侧竖向分布钢筋与配置于墙体厚度中部的连接钢筋搭接连接，连接钢筋位于内、外侧被连接钢筋的中间；连接钢筋受拉承载力不应小于上下层被连接钢筋受拉承载力较大值的 1.1 倍，间距不宜大于 300mm。下层剪力墙连接钢筋自下层预制墙顶算起的埋置长度不应小于 $1.2 l_{aE} + b_w/2$（b_w 为墙体厚度），上层剪力墙连接钢筋自套筒顶面算起的埋置长度不应小于 l_{aE}，上层连接钢筋顶部至套筒底部的长度尚不应小于 $1.2 l_{aE} + b_w/2$，l_{aE} 按连接钢筋直径计算。钢筋连接长度范围内应配置拉筋，同一连接接头内的拉筋配筋面积不应小于连接钢筋的面积；拉筋沿竖向的间距不应大于水平分布钢筋间距，且不宜大于 150mm；拉筋沿水平方向的间距不应大于竖向分布钢筋间距，直径不应小于 6mm；拉筋应紧靠连接钢筋，并勾住最外层分布钢筋（图 4-13）。

为保证预制墙板在形成整体结构之前的刚度及承载力，对预制墙板边缘配筋应适当加强，形成墙板约束边框。《装配式混凝土建筑技术标准》GB/T 51231—2016 第 5.7.4 条规定，预制剪力墙竖向钢筋采用套筒灌浆连接时，自套筒底部至套筒顶部并向上延伸 300mm 范围内，预制剪力墙的水平分布筋应加密（图 4-14），加密区水平分布筋的最大间距及最小直径应符合表 4-1 的规定，套筒上端第一道水平分布钢筋距离套筒顶部不应大于 50mm。

加密区水平分布钢筋的要求 表 4-1

抗震等级	最大间距（mm）	最小直径（mm）
一、二级	100	8
三、四级	150	8

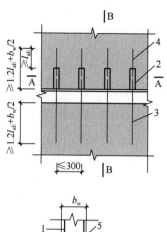

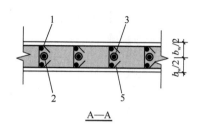

A—A

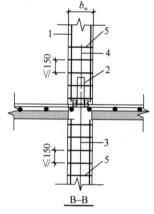

B—B

图 4-13　竖向分布钢筋单排套筒灌浆连接构造示意图

1—上层预制剪力墙竖向分布钢筋；2—灌浆套筒；3—下层剪力墙连接钢筋；

4—上层剪力墙连接钢筋；5—拉筋

《装配式混凝土结构技术规程》JGJ 1—2014 规定，端部无边缘构件的预制剪力墙，宜在端部配置 2 根直径不小于 12mm 的竖向构造钢筋；沿该钢筋竖向应配置拉筋，拉筋直径不宜小于 6mm、间距不宜大于 250mm。

2. 浆锚搭接连接

考虑浆锚搭接连接方式的传力原理，其在钢筋间的传力效果较套筒灌浆差，因此《装配式混凝土建筑技术标准》GB/T 51231—2016 规定，当剪力墙边缘构件竖向钢筋采用浆锚搭接连接时，房屋最大使用高度应比规范规定的最大值降低 10m。

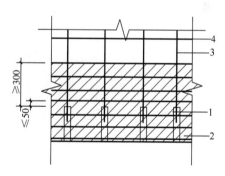

图 4-14　钢筋套筒灌浆连接部位水平分布钢筋的加密构造示意图

1—灌浆套筒；2—水平分布钢筋加密区域（阴影区域）；3—竖向钢筋；4—水平分布钢筋

《装配式混凝土建筑技术标准》GB/T 51231—2016 规定：当上下层预制剪力墙竖向钢筋采用浆锚搭接连接时，应符合下列规定：（1）当竖向钢筋非单排连接时，下层预制剪力墙连接钢筋伸入预留灌浆孔道内的长度不应小于 $1.2l_{aE}$（图 4-15）。（2）当竖向分布钢筋采用"梅花形"部分连接时（图 4-16），需满足"梅花形"连接的要求。连接钢筋伸入预留灌浆孔道内的长度为"HRB400 钢筋浆锚搭接连接钢筋伸入长度"加上 0.5 倍墙厚。

（3）当竖向分布钢筋采用单排连接时（图 4-17），需满足"单排连接"的要求。

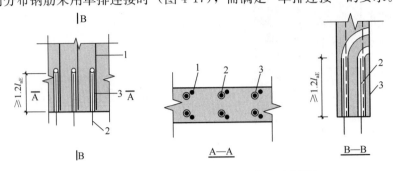

图 4-15 竖向钢筋浆锚搭接连接构造示意图

1—上层预制剪力墙竖向钢筋；2—下层剪力墙竖向钢筋；3—预留灌浆孔道

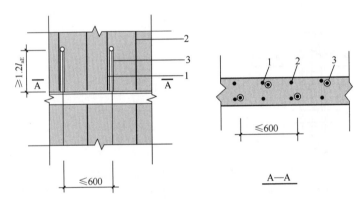

图 4-16 竖向分布钢筋"梅花形"浆锚搭接连接构造示意

1—连接的竖向分布钢筋；2—未连接的竖向分布钢筋；3—预留灌浆孔道

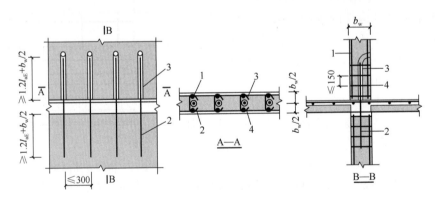

图 4-17 竖向分布钢筋单排浆锚搭接连接构造示意

1—上层预制剪力墙竖向钢筋；2—下层剪力墙连接钢筋；3—预留灌浆孔道；4—拉筋

在采用如图 4-18 所示的钢筋连接方式时，钢筋连接区域要采取箍筋加密的措施，将连接区域箍实，形成更好的约束机制，有利于钢筋内力的传递及结构整体性的形成。为此《装配式混凝土建筑技术标准》GB/T 51231—2016 第 5.7.5 条规定，预制剪力墙竖向钢筋采用浆锚搭接连接时，应符合下列规定：

（1）墙体底部预留灌浆孔道直线段长度应大于下层预制剪力墙连接钢筋伸入孔道内的长度30mm，孔道上部应根据灌浆要求设置合理弧度。孔道直径不宜小于40mm和2.5d（d为伸入孔道的连接钢筋直径）的较大值，孔道之间的水平净间距不宜小于50mm；孔道外壁至剪力墙外表面的净间距不宜小于30mm。当采用预埋金属波纹管成孔时，金属波纹管的钢带厚度及波纹高度应符合《装配式混凝土建筑技术标准》GB/T 51231—2016第5.2.2条的规定；当采用其他成孔方式时，应对不同预留成孔工艺、孔道形状、孔道内壁的粗糙度或花纹深度及间距等形成的连接接头进行力学性能以及适用性的试验验证。

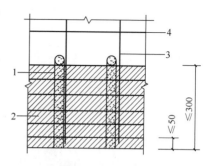

图 4-18　钢筋浆锚搭接连接部位水平分布钢筋加密构造示意图

1—预留灌浆孔道；2—水平分布钢筋加密区域筋（阴影区域）；3—竖向钢筋；4—水平分布钢筋

（2）竖向钢筋连接长度范围内的水平分布钢筋应加密，加密范围自剪力墙底部至预留灌浆孔道顶部（图4-18），且不应小于300mm，加密区水平分布钢筋的最大间距及最小直径应符合《装配式混凝土建筑技术标准》GB/T 51231—2016表5.7.4的规定，最下层水平分布钢筋距离墙身底部不应大于50mm。剪力墙竖向分布钢筋连接长度范围内未采取有效横向约束措施时，水平分布钢筋加密范围内的拉筋应加密；拉筋沿竖向的间距不宜大于300mm且不少于2排；拉筋沿水平方向的间距不宜大于竖向分布钢筋间距，直径不应小于6mm；拉筋应紧靠被连接钢筋，并勾住最外层分布钢筋。

（3）边缘构件竖向钢筋连接长度范围内应采取加密水平封闭箍筋的横向约束措施或其他可靠措施。当采用加密水平封闭箍筋约束时，应沿预留孔道直线段全高加密。箍筋沿竖向的间距：一级不应大于75mm，二、三级不应大于100mm，四级不应大于150mm；箍筋沿水平方向的肢距不应大于竖向钢筋间距，且不宜大于200mm；箍筋直径，一、二级不应小于10mm，三、四级不应小于8mm，宜采用焊接封闭箍筋（图4-19）。

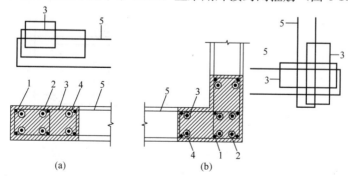

(a)　　　　(b)

图 4-19　钢筋浆锚搭接连接长度范围内加密水平封闭箍筋约束构造示意

(a) 暗柱；(b) 转角

1—上层预制剪力墙边缘构件竖向钢筋；2—下层剪力墙边缘构件竖向钢筋；

3—封闭箍筋；4—预留灌浆孔道；5—水平分布钢筋

3. 螺旋箍筋约束的钢筋浆锚搭接连接

螺旋箍筋约束的钢筋浆锚搭接连接示意图如图4-20所示。其基本构造要求与前述关于浆锚搭接的要求相同。螺旋箍筋设置要求见表 4-2。

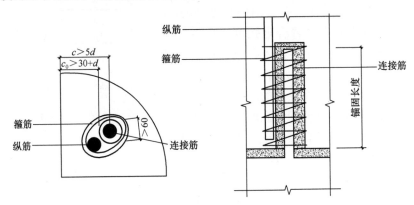

图 4-20 螺旋箍筋约束钢筋浆锚搭接连接示意图

浆锚搭接部位螺旋箍筋设置要求   表 4-2

钢筋直径（mm）	抗震等级		
	一级	二、三级	四级
$d \leqslant 14$	Φ6@50	Φ6@60	Φ8@70
$14 < d \leqslant 18$	Φ8@40	Φ8@40	Φ8@50

4. 挤压套筒连接

《装配式混凝土建筑技术标准》GB/T 51231—2016 对钢筋采用挤压套筒连接的要求也做了规定，但由于目前工程中应用较少，这里不再详细阐述。图 4-21 为《装配式混凝土建筑技术标准》GB/T 51231—2016 中关于挤压套筒连接的构造示意图。

当层间预制剪力墙竖向分布钢筋采用单排连接方式时，在计算墙肢稳定性时，如图 4-22 所示，各楼层楼板对墙肢的约束可视为铰接，剪力墙在竖向荷载作用下可能发生失稳，曲线如图 4-22 所示，此时计算长度系数 β 取 1.0，对于验算偏于安全。

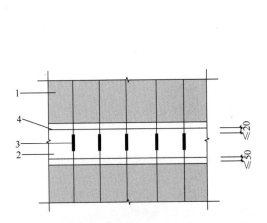

图 4-21 预制剪力墙后浇段水平钢筋配置示意图
1—预制剪力墙；2—墙底后浇段；3—挤压套筒；
4—水平钢筋

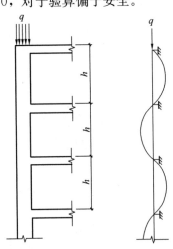

图 4-22 剪力墙稳定验算模型

4.2 装配整体式剪力墙验算

4.2.1 装配整体式剪力墙构件拆分原则

1. 剪力墙的布置需考虑建筑要求

建筑外部（周边）剪力墙有三种做法：

（1）剪力墙现浇，此时建筑外饰面及门窗等做法与现浇结构完全相同；

（2）剪力墙现浇，建筑外饰面及保温层预制，并作为剪力墙的外模板；

（3）剪力墙与外保温、装饰面一起预制。

以图 4-23 建筑平面为例，该项目为高层剪力墙结构住宅，因考虑外墙的防水保温等功能要求，该项目外围剪力墙全部采用内浇外挂剪力墙形式，内部剪力墙采用预制混凝土构件形式。以下针对此项目进行拆分。

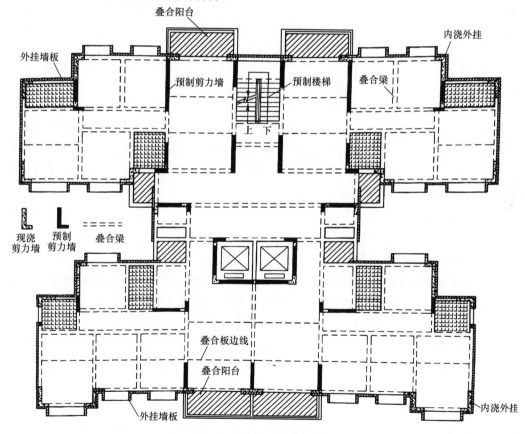

图 4-23　剪力墙拆分平面图

图 4-24 中为该案例中部分窗边剪力墙的拆分示意图，当外围剪力墙采用现浇形式时，左侧建筑专业墙长 400mm，现浇剪力墙翼缘外伸长度也为 400mm，紧贴窗边界，与外挂墙板边界一致；若翼缘外伸长度取 300mm，刚好满足规范要求，则剩下 100mm 宽度非剪力墙区域，无论预制墙板还是砖砌墙垛，均难以实现。右侧剪力墙每侧外伸长度同样可延

伸到窗洞边，方便施工。

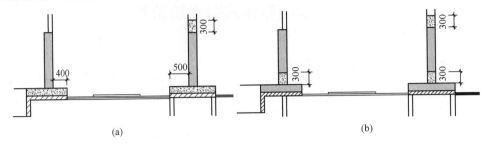

图 4-24　局部剪力墙拆分示意图

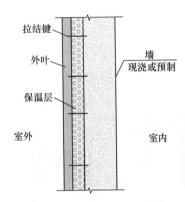

图 4-25　夹心混凝土外挂墙板构造
示意图

图 4-25 为外围剪力墙采用预制构件时，剪力墙拆分示意图。如图 4-25 所示，外围剪力墙预制时，纵横接缝处设置现浇混凝土段实现墙体的连接。此时现浇区域与剪力墙边缘构件区域不一定重合。

外围的剪力墙可与建筑门窗洞口、保温隔热、外装饰面等一起预制。施工模板图可参照图 4-26。

图 4-27 中端部云线所圈部分为外墙板和保温材料，两层在工厂预制。当预制构件吊装就位后，这部分保温材料与现浇墙体一起浇筑，作为现浇墙体的侧模。

当预制外墙有窗洞，而窗洞下部墙体计算不考虑刚度贡献时，此部分墙体通常按隔墙处理，构件生产时填充一些轻质材料，减轻墙体自重，减少对结构刚度的影响，如图 4-28 所示。

2. 预制率因素

在计算预制率时，处于预制剪力墙之间竖向接缝的后浇混凝土区域不超过一定范围时，仍可计入预制构件内，如图 4-29 所示。

根据现行《混凝土结构设计规范》GB 50010 和《装配式混凝土结构技术规程》JGJ 1 中对于边缘构件（包括约束边缘构件和构造边缘构件）的定义及区域范围，常规尺寸剪力墙构件（较长的除外），边缘构件区域都可按《装配式建筑评价标准》GB/T 51129—2017 的规定计入预制构件内。对于个别非常规尺寸的剪力墙，当边缘构件尺寸较大时，可视情况将部分边缘构件区域划入预制构件范围内，采用工厂预制，现场施工区段控制在《装配式建筑评价标准》GB/T 51129—2017 的要求内。应注意的是，在这种情况下，被纳入预制构件内的边缘构件，因受力特点，所需配置的钢筋可能较多。为方便上下层剪力墙连接时灌浆套筒的钢筋连接，设计时该部分需尽量配置直径较大、根数较少的钢筋，但仍需满足相关规范的要求，如图 4-30 所示。

如图 4-31 中带翼缘的剪力墙，翼缘段剪力墙应按照规范要求划入边缘构件区域，图 4-31（a）中左侧翼缘定为现浇构件，右侧翼缘划为预制构件，而中间墙板尽可能保留较长的预制区段；图 4-31（b）中的剪力墙的划分同样打破了常规，将边缘构件全部并入预制区域，仅在翼缘与腹板交接处保留接缝现浇区域；图 4-31（c）中因同一平面没有预

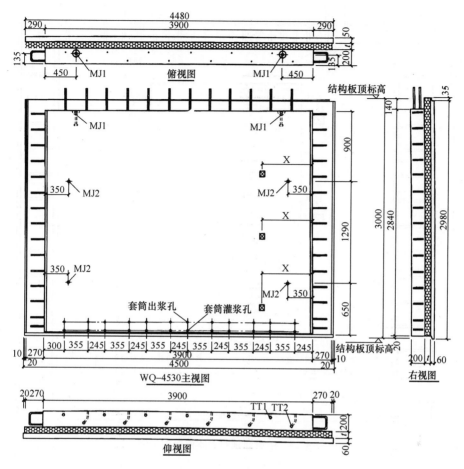

图 4-26　夹心外墙模板图

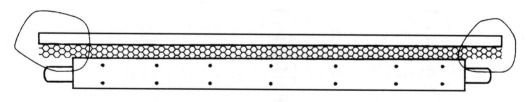

图 4-27　夹心外墙预制外墙俯视图

制墙相交的情况，所以整片一字形墙均可以作为预制剪力墙构件。

3. 构件生产因素

剪力墙拆分除了要满足结构安全外，还要考虑构件生产、运输及安装等因素。对于常规尺寸的构件，厂家有现成的模具进行生产加工，模具的重复使用率越高，生产成本就越低；对个别特殊尺寸的预制构件，厂家需根据构件的尺寸特别定制一套模具进行生产。

国内部分构件生产厂家用于生产墙板的自动生产线模具尺寸相差不大，常用模具的宽度为 3～4m 之间，可生成墙板的宽度比模具宽度小 300mm 左右。目前广东省建工集团旗下广东建远莲花山构件厂的模具尺寸为 3.5m，则该厂生产的墙板最大宽度为 3.2m。与楼板不同，剪力墙板一般采用竖向堆放及运输形式，因此上述模具尺寸对应用于一般住宅项

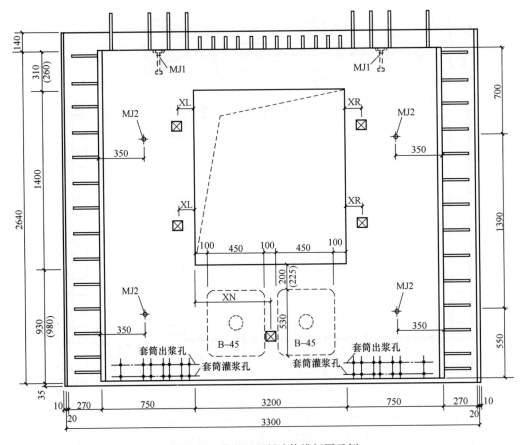

图 4-28　带窗洞预制墙体模板图示例

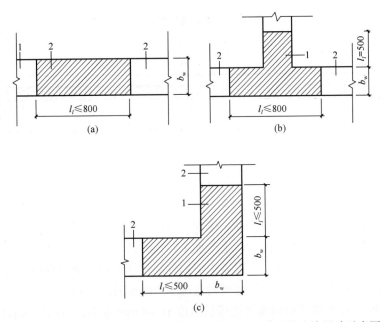

图 4-29　预制剪力墙板间后浇段现浇混凝土计入装配的允许尺寸示意图

1—后浇段；2—预制剪力墙

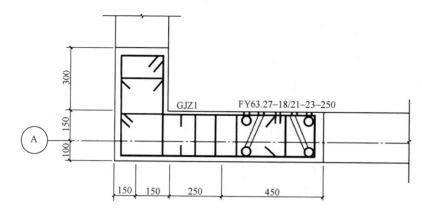

图 4-30　局部边缘构件区域预制构件钢筋构造示意图

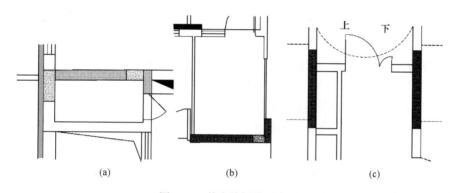

图 4-31　剪力墙拆分示意图

目（层高 3m 左右）中的预制剪力墙构件影响不大，基本可以满足整片墙预制的要求。当建筑层高较大超过模具宽度时，需根据模具宽度将墙板进行拆分，中间增设现浇区域段（不得小于 300mm）进行构件连接，以满足生产条件。当采用立模生产时，剪力墙的规格不宜太多，设计应与生产厂家共同协商。

4. 构件运输及吊装的要求

通常构件生产厂距施工现场有一定的距离，距离越近在构件运输上的投入就越少，途中构件破损率也越低，一般情况下构件生产厂距工地 150km 以内比较合理。国家道路交通运输相关的规定，对重型、中型载货汽车，半挂车载物，高度从地面起不得超过 4m，载运集装箱的车辆不得超过 4.2m。墙板的运输一般是竖向放置，所以应控制墙板的高度，不要超高。

现场安装时，用于吊装预制构件的塔式起重机选择是否合理，关系到整个工程的施工进度及生存安全等问题。通常一栋建筑中除了预制楼梯构件以外，最重的预制构件即为墙板构件。一般高层建筑工地采用悬臂半径为 45m 的塔式起重机居多，若最大吊装质量为 5t，以 200mm 厚的预制剪力墙为例，墙高为楼层高度减去楼板厚度，即 $3000-120=2880mm$，宽度按 3200mm 计算，一片常规模具生产的最大预制墙体重量为 $25×0.2×2.88×3.2=46.08kN$，即 4.61t＜5t，满足塔式起重机吨位要求。

因此，通过上面的因素，预制剪力墙拆分的最大宽度定为 3.2m，拆分尺寸太小，吊装效率也较低，深化设计时，设计与安装、制作单位应共同协商确定。

5. 剪力墙竖向钢筋连接构造的因素

《装配式混凝土建筑技术标准》GB/T 51231—2016 规定，剪力墙边缘构件竖向钢筋应逐根连接。由于剪力墙边缘构件是剪力墙受力较集中部位，钢筋配置较多。若将边缘构件划分为预制构件，在上下层剪力墙连接时对于比较重要的约束边缘构件（如一～三级抗震等级的底部加强部位的约束边缘构件），竖向钢筋采用套筒灌浆连接受力最好。套筒内径比钢筋直径大 12mm 左右，允许误差小，在吊装安装时，下层墙体钢筋与上层墙体内预埋套筒对位困难，施工难度大。对于浆锚搭接同样存在类似问题。这种情况下，在构件拆分时，若能满足装配式建筑预制率和生产厂模具使用要求，可将配筋较多部分划分为现浇区段，采用现场绑扎钢筋的比较成熟的施工方式来完成。

4.2.2 装配整体式剪力墙水平接缝抗剪验算

预制剪力墙在灌浆时宜采用灌浆料将水平接缝填充饱满。灌浆料强度较高且流动性好，有利于保证接缝承载力。灌浆时，预制剪力墙构件下表面与楼面之间的缝隙周围可采用封边砂浆进行封堵和分仓，以保证水平接缝中灌浆料填充饱满。《装配式混凝土建筑技术标准》GB/T 51231—2016 第 5.7.7 条规定，当采用套筒灌浆连接或浆锚搭接连接时，预制剪力墙底部接缝宜设置在楼面标高处。接缝高度不宜小于 20mm，接缝处现浇混凝土上表面与预制剪力墙底部均应设置粗糙面。

1. 接缝承载力验算

装配整体式剪力墙结构中的接缝主要是指预制构件之间的接缝和预制构件与现浇混凝土之间的结合面，包括梁端接缝、剪力墙竖向接缝和水平缝等。

接缝是装配整体式结构的关键部位。接缝的受剪承载力应符合式（4-1）～式（4-3）的要求。

(1) 持久设计状况： $\gamma_0 V_{jd} \leqslant V_u$ (4-1)

(2) 地震设计状况： $V_{jdE} \leqslant V_{uE}/\gamma_{RE}$ (4-2)

在梁、柱端部箍筋加密区及剪力墙底部加强部位，尚应符合以下规定：

$$\eta_j V_{mua} \leqslant V_{uE}$$ (4-3)

式中　γ_0 ——结构重要性系数，按现行国家标准《混凝土结构设计规范》GB 50010—2010（2015 年版）的规定选用；

V_{jd} ——持久设计状况下接缝剪力设计值；

V_{jdE} ——地震设计状况下接缝剪力设计值；

V_u ——持久设计状况下梁端、柱端、剪力墙底部接缝受剪承载力；

V_{uE} ——地震设计状况下梁端、柱端、剪力墙底部接缝受剪承载力；

V_{mua} ——被连接构件端部按实配钢筋面积计算的斜截面受剪承载力；

η_j ——接缝受剪承载力增大系数，抗震等级为一、二级取 1.2，抗震等级为三、四级取 1.1。

《装配式混凝土结构技术规程》JGJ 1—2014 第 6.5.1 条只给出了接缝受剪承载力的计算公式，没有给出正截面受压、受拉和受弯承载力的计算公式，其计算方法与现浇结构相同。接缝的压力通过现浇混凝土、灌浆料或坐浆材料直接传递；拉力通过由各种方式连接的钢筋、预埋件传递。

2. 剪力墙水平缝抗剪承载力计算

接缝的剪力由结合面混凝土的粘结强度、键槽或者粗糙面、钢筋的摩擦抗剪作用、销栓抗剪作用承担；接缝处于受压状态时，静力摩擦可承担一部分剪力。

《装配式混凝土结构技术规程》JGJ 1—2014 规定，在地震设计状况下，剪力墙的水平接缝的受剪承载力设计值应按下式计算：

$$V_{uE} = 0.6 f_y A_{sd} + 0.8N \qquad (4\text{-}4)$$

式中　f_y ——垂直穿过结合面的钢筋抗拉强度设计值；

　　　N ——与剪力设计值 V 相应的垂直于结合面的轴向力设计值，压力时取正，拉力时取负；当大于 $0.6 f_c b h_0$ 时取 $0.6 f_c b h_0$；此处 f_c 为混凝土的轴心抗压强度设计值，b 为剪力墙厚度，h_0 为剪力墙截面有效高度。

　　　A_{sd} ——垂直穿过结合面的抗剪钢筋面积。

该公式与《高层建筑混凝土结构技术规程》JGJ 3—2010 中对一级抗震等级剪力墙水平施工缝的抗剪验算公式相同，主要采用摩擦的原理，考虑了钢筋和轴力的共同作用。

【例 4-1】 装配式剪力墙墙体构件施工图如图 4-32 所示，钢筋采用 HRB400，$f_y = 360\text{N/mm}^2$；剪力墙结合面的抗剪钢筋为 11 Φ 16，钢筋面积为 2211.7mm²，轴向力设计值为 $N = 4577.2\text{kN}$，与之相应的剪力墙底部剪力设计值 $V = 347.5\text{kN}$。计算剪力墙的水平接缝的受剪承载力设计值。

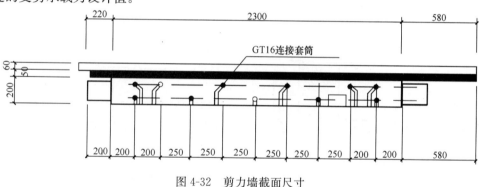

图 4-32　剪力墙截面尺寸

解： 根据式（4-4）可知，剪力墙水平接缝的受剪承载力设计值为：

$$V_{uE} = 0.6 f_y A_{sd} + 0.8N = 0.6 \times 360 \times \frac{2211.7}{10^3} + 0.8 \times 4577.2$$
$$= 4139.5\text{kN} > 347.5\text{kN}$$

4.2.3　装配整体式剪力墙竖向缝连接的设计

根据《装配式混凝土建筑技术标准》GB/T 51231—2016，楼层内相邻预制剪力墙之间应采用整体式接缝连接，且应符合下列规定：

① 当接缝位于纵横墙交接处的约束边缘构件区域时，约束边缘构件的阴影区域（图 4-33）宜全部采用后浇混凝土，并应在后浇段内设置封闭箍筋。

② 当接缝位于纵横墙交接处的构造边缘构件区域时，构造边缘构件宜全部采用后浇混凝土（图 4-34），当仅在一面墙上设置后浇段时，后浇段的长度不宜小于 300mm（图 4-35）。

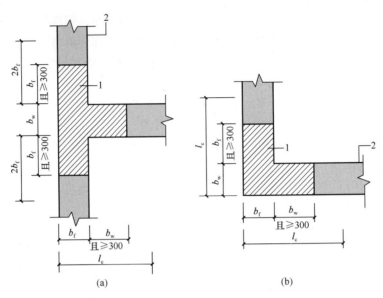

图 4-33　约束边缘构件阴影区域全部后浇构造示意（斜线填充范围）

（a）有翼墙；（b）转角墙

1—后浇段；2—预制剪力墙

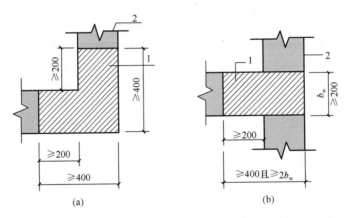

图 4-34　构造边缘构件全部后浇构造示意（构造边缘构件范围）

（a）转角墙；（b）有翼墙

1—后浇段；2—预制剪力墙

　　③ 边缘构件内的配筋及构造要求应符合现行国家标准《建筑抗震设计规范》GB 50011 的有关规定；预制剪力墙的水平分布钢筋在后浇段内的锚固、连接应符合现行国家标准《混凝土结构设计规范》GB 50010 的有关规定。

　　④ 非边缘构件位置，相邻预制剪力墙之间应设置后浇段，后浇段的宽度不应小于墙厚且不宜小于 200mm；后浇段内应设置不少于 4 根竖向钢筋，钢筋直径不应小于墙体竖向分布钢筋直径且不应小于 8mm；两侧墙体的水平分布钢筋在后浇段内的锚固、连接应符合现行国家标准《混凝土结构设计规范》GB 50010 的有关规定。

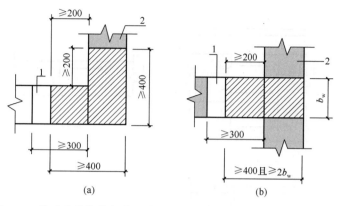

图4-35　构造边缘构件部分后浇构造示意（构造边缘构件为阴影部分）

(a) 转角墙；(b) 有翼墙

1—后浇段；2—预制剪力墙

4.2.4　装配整体式剪力墙与梁连接

《装配式混凝土结构技术规程》JGJ 1—2014 规定，当预制叠合连梁端部与预制剪力墙在平面内拼接时，接缝构造应符合下列规定：

（1）当墙端边缘构件采用后浇混凝土时，连梁纵向钢筋在后浇段中可靠锚固（图 4-36a）或连接（图 4-36b）。

（2）当预制剪力墙端部上角预留局部后浇节点区时，连梁的纵向钢筋应在局部后浇节点区内可靠锚固（图 4-36c）或连接（图 4-36d）。

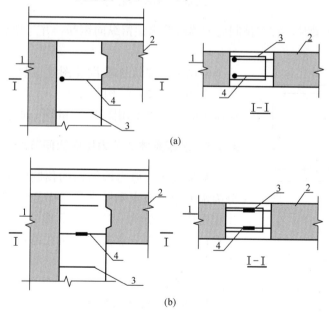

图 4-36　预制连梁与预制剪力墙连接构造示意（一）

(a) 预制连梁钢筋在后浇段内锚固构造示意；(b) 预制连梁钢筋在后浇段内与

预制剪力墙预留钢筋连接构造示意

1—预制剪力墙；2—预制连梁；3—边缘构件箍筋；4—连梁下部纵向

受力钢筋锚固或连接

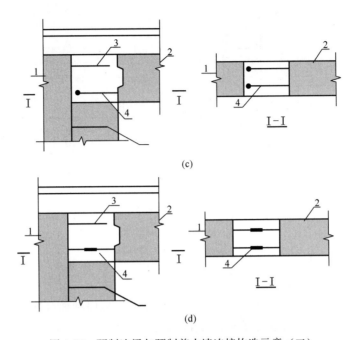

(c)

(d)

图 4-36 预制连梁与预制剪力墙连接构造示意（二）

（c）预制连梁钢筋在预制剪力墙局部后浇段内锚固构造示意；（d）预制连梁
钢筋在预制剪力墙局部后浇段内与墙板预留钢筋连接构造示意

1—预制剪力墙；2—预制连梁；3—边缘构件箍筋；4—连梁下部纵向
受力钢筋锚固或连接

当采用现浇连梁时，宜在预制剪力墙端伸出预留纵向钢筋，并与现浇连梁的纵向钢筋可靠连接（图4-37）。

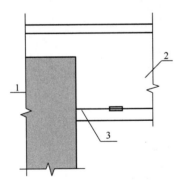

图 4-37　现浇连梁与预制剪力墙
连接构造示意图

1—预制墙板；2—现浇连梁；3—预制
剪力墙伸出纵向受力钢筋

根据国家建筑标准设计图集《装配式混凝土结构连接节点构件（楼盖结构和楼梯）》15G310-1，叠合梁与预制墙板的连接可采用图4-38和图4-39的形式。

4.2.5　装配整体式剪力墙墙板间节点连接

装配整体式剪力墙结构的预制墙板间的拼装节点可分为水平连接节点和竖向连接节点。水平连接节点按墙体相交情况可分为一字形、T形、L形、十字形等构造形式；竖向连接节点按墙体所在部位及受力性质可分为预制结构内墙板间、预制结构外墙板间以及预制非结构墙间竖向连接节点。

1. 水平连接节点构造

（1）一字形节点

根据国家建筑标准设计图集《装配式混凝土结构连接节点构造（剪力墙结构）》15G310-2，预制墙板间一字形节点的连接可采用图4-40的形式。图中灰色部分代表预制构件，白色部分代表后浇混凝土。

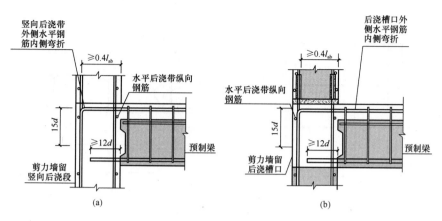

图 4-38 端部节点

(a) 剪力墙预留竖向后浇带；(b) 剪力墙预留竖向后浇槽口

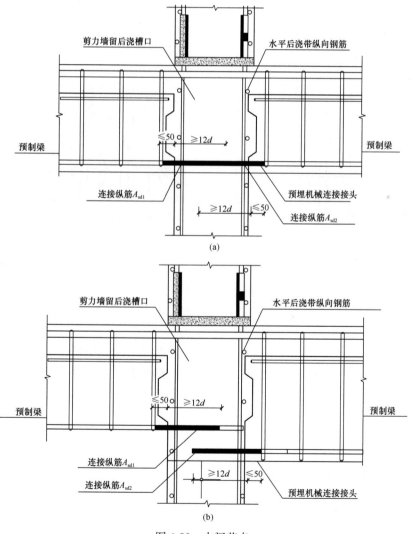

图 4-39 中间节点

(a) 剪力墙后浇竖向槽口；(b) 剪力墙预留竖向后浇槽口（次梁底面有高差）

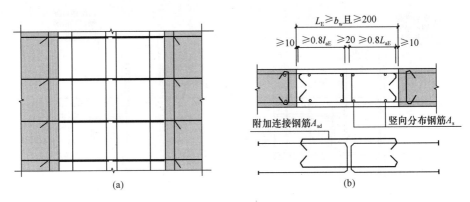

图 4-40　一字形节点构造

(a) 立面图；(b) 平面图

（2）T 形节点

预制墙板间的 T 形水平连接节点可采用如图 4-41 所示典型构造形式。图中灰色部分代表预制构件，白色部分代表后浇混凝土，斜线部分代表剪力墙边缘构件阴影区。

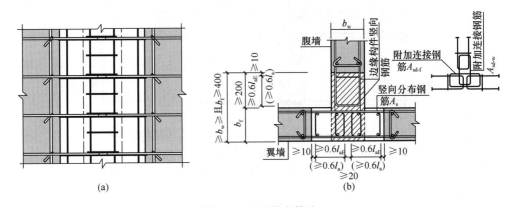

图 4-41　T 形节点构造

(a) 立面图；(b) 平面图

（3）L 形节点

预制墙板间的 L 形水平连接节点可采用如图 4-42 所示典型构造，分为构造边缘转角墙（图 4-42a）和部分后浇边缘转角墙（图 4-42b）两种形式。图中灰色部分代表预制构件，白色部分代表后浇混凝土，斜线部分代表剪力墙边缘构件阴影区。

（4）十字形节点

预制墙板间的十字形水平连接节点可采用如图 4-43 所示典型构造。图中灰色部分代表预制构件，白色部分代表后浇混凝土。

2. 竖向连接节点构造

根据国家建筑标准设计图集《装配式混凝土结构连接节点构造（剪力墙结构）》15G310-2，预制内墙板间的竖向连接可采用图 4-44 和图 4-45 的典型节点构造形式，通过套筒灌浆实现钢筋连接。预制外墙板间的竖向连接可采用图 4-46 的典型节点构造形式，通过钢筋浆锚接头实现钢筋连接。拼缝截面采用内高外低的防雨水渗漏构造。图中灰色部

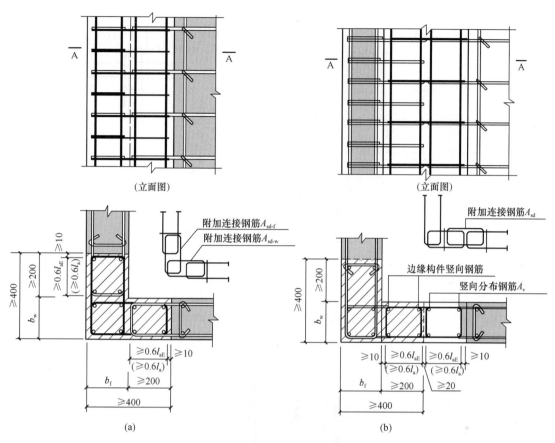

图 4-42 L 形节点构造

（a）构造边缘转角墙；（b）部分后浇构造边缘转角墙

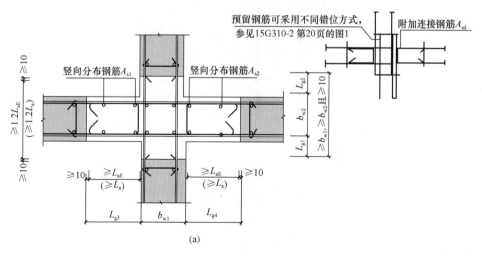

图 4-43 十字形节点构造（一）

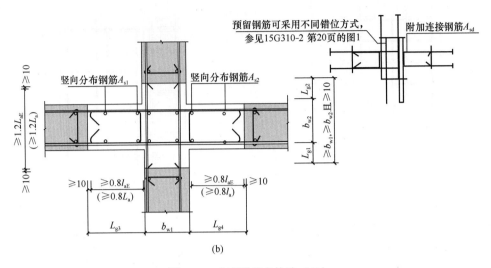

图 4-43 十字形节点构造（二）

分代表预制构件，白色部分代表后浇混凝土，斜线部分代表剪力墙边缘构件阴影，加点区域代表灌浆部位。

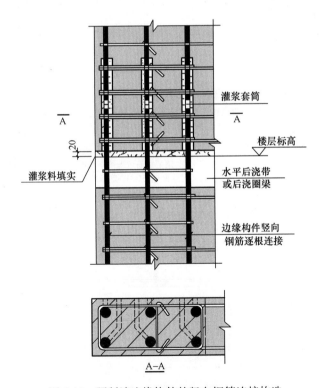

图 4-44 预制墙边缘构件的竖向钢筋连接构造

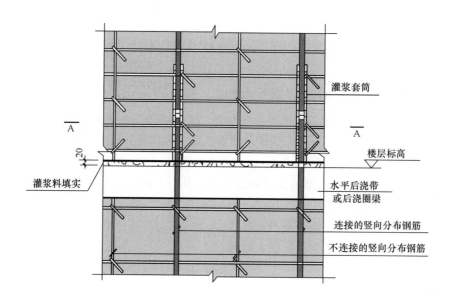

灌浆套筒

A

楼层标高

灌浆料填实

水平后浇带
或后浇圈梁

连接的竖向分布钢筋

不连接的竖向分布钢筋

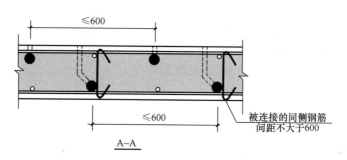

≤600

≤600

被连接的同侧钢筋
间距不大于600

A–A

图 4-45 预制墙竖向分布钢筋部分连接

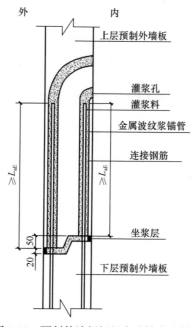

外　内

上层预制外墙板

灌浆孔

灌浆料

金属波纹浆锚管

连接钢筋

坐浆层

下层预制外墙板

图 4-46 预制外墙板间竖向连接节点构造

4.3　装配整体式剪力墙结构设计深度及图面表达

4.3.1　装配整体式剪力墙结构施工图图面表达

施工图要表达的内容主要是与结构安全性能、耐久性和正常使用功能相关的设计内容，除传统施工图需表达的内容外，对于装配式结构，还应包括预制构件之间的连接要求。

1. 剪力墙平面图图面表达

在施工图中需表达的剪力墙的设计内容有以下几个方面：

(1) 预制剪力墙预制部分

1) 预制剪力墙的拆分、编号及平面布置；

2) 预制剪力墙的钢筋选取及配筋大样图；

3) 预制剪力墙钢筋连接；

4) 预制剪力墙吊装方向标注；

5) 预埋件在预制剪力墙上定位图；

6) 预留洞口定位及加强配筋图等；

7) 外墙保温层做法。

(2) 现浇剪力墙及预制剪力墙现浇段部分

1) 现浇剪力墙及剪力墙现浇段划分、编号及平面布置；

2) 剪力墙配筋及大样图。

① 剪力墙平面布置图

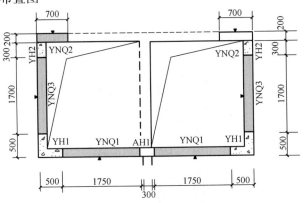

图 4-47　剪力墙平面布置图

如图 4-47 所示，图中同时表达了剪力墙的平面布置、拆分布置、各部分尺寸以及编号和预制剪力墙吊装方向（图中的实心三角表示方向）内容。其中，墙体编号分预制墙体编号和现浇段编号，其编号均由类型代号和序号两部分组成。预制墙体编号可参照表 4-3，现浇段墙体编号可参照表 4-4。

表 4-3

预制混凝土剪力墙编号

预制墙板类型	代号	序号
预制外墙	YWQ	××
预制内墙	YNQ	××

混凝土剪力墙现浇段编号 表 4-4

现浇段类型	代号	序号
约束边缘构件现浇段	YHJ	××
构造边缘构件现浇段	GHJ	××
非边缘构件现浇段	AHJ	××

② 剪力墙大样图

剪力墙配筋大样可参照图 4-48，图中需分别表示现浇段与预制段的配筋及其衔接关系，预制墙体中的竖向钢筋需明确表示上下墙体间连接与不连接的钢筋，以及加密钢筋及其分布区域。

当剪力墙中需预埋设备管线、装置或预留洞口时，需将其在墙体中的定位表示出来。当选用标准图集时，可根据图集表示方法直接在构件上标注相应的编号及参数，并说明引用图集名称及页码；当不选用标准图集时，其在构件上的具体定位尺寸（包括高度方向和水平方向）都要明确表示出来，如图 4-49 所示。图中参数位置所在装配方向为 X、Y，装配方向背面为 X'、Y'，可用下角编号区分不同线盒。当剪力墙体中预留洞口（除门窗洞口）尺寸较大时，需补充洞口周边加强筋构造大样图。

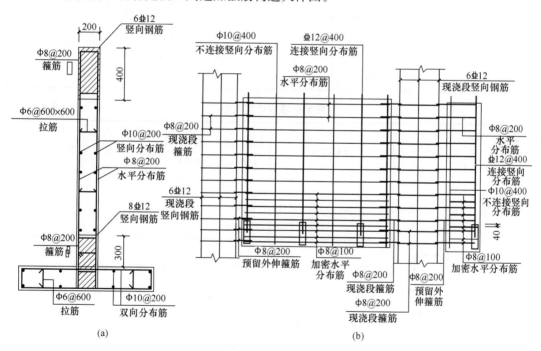

(a)   (b)

图 4-48 剪力墙配筋大样图

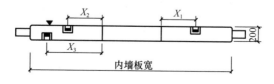

图 4-49 预埋线盒参数含义示例

101

当预制外墙为带门窗洞口墙体时，在墙体编号时（以与预制外挂墙板一体生产的外墙为例，此时剪力墙为内叶墙板）还需表达洞口尺寸，见表 4-5 和表 4-6。

预制外墙板编号 表 4-5

预制内叶墙板类型	示意图	编号
无洞口外墙	□	无洞口外墙 —— WQ—××—×× （标志宽度 层高）
一个窗洞高窗台外墙	窗洞图	一窗洞外墙（高窗台）—— WQC1—××—××—××—×× （标志宽度 层高 窗宽 窗高）
一个窗洞矮窗台外墙	窗洞图	一窗洞外墙（矮窗台）—— WQCA—××—××—××—×× （标志宽度 层高 窗宽 窗高）
两窗洞外墙	两窗洞图	两窗洞外墙 —— WQCC2—××—××—××—××—××—×× （标志宽度 层高 左窗宽 左窗高 右窗宽 右窗高）
一个门洞外墙	门洞图	一门洞外墙 —— WQM—××—××—××—×× （标志宽度 层高 门宽 门高）

预制外墙板编号示例 表 4-6

预制墙板类型	示意图	墙板编号	标志宽度（mm）	层高（mm）	门/窗宽（mm）	门/窗高（mm）	门/窗宽（mm）	门/窗高（mm）
无洞外墙	□	WQ-1828	1800	2800	—	—	—	—
带一个窗洞高窗台	窗洞图	WQC1-3028-1514	3000	2800	1500	1400	—	—
带一个窗洞矮窗台	窗洞图	WQCA-3028-1518	3000	2800	1500	1800	—	—
带两窗洞外墙	两窗洞图	WQC2-4828-0614-1514	4800	2800	600	1400	1500	1400
带一门洞外墙	门洞图	WQM-3628-1823	3600	2800	1800	2300	—	—

剪力墙的外叶墙板应对应内叶墙板选用，并结合俯视图、主视图及右视图一起表示，叶墙板编号可用 WY×× (a、b、C_L 或 C_R、d_L 或 d_R) 表示，按外叶墙板实际情况标注 a、b、C_L 或 C_R、d_L 或 d_R，如图 4-50 所示。

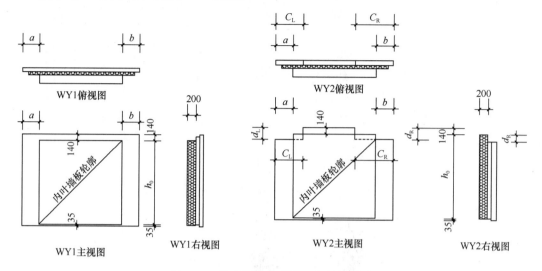

图 4-50　外叶墙板类型图（内表面视图）

2. 预制混凝土叠合连梁及梁的施工图图面表达

剪力墙结构中预制叠合梁分为预制叠合连梁和预制叠合梁两种。部分叠合连梁（多数为建筑外围门窗洞口上连梁）与预制剪力墙在工厂一体预制，此时的连梁配筋可以在墙体配筋大样中一同表示，也可以列表配图例统一说明。

在施工图中需表达的叠合梁的设计内容有以下几个方面：①叠合梁的模板图；②梁编号及截面尺寸；③叠合梁的配筋（连梁配筋可以用连梁配筋表的形式表达）；④叠合梁的连接部分及选用连接形式说明；⑤梁上预留洞口定位及洞口加强措施说明及大样；⑥叠合梁吊装方向等。

预制叠合梁的编号可参考表 4-7。

预制混凝土叠合梁编号　　　　　　　　　　表 4-7

名称	代号	序号
预制叠合梁	DL/DKL	××
预制叠合连梁	DLL	××

如图 4-51 所示，图中外围梁和墙均为现浇形式，其编号与传统现浇结构一致；内部叠合梁（分叠合框架梁 DKL×× 和叠合次梁 DL××）按表 4-7 形式进行编号。图中同时表达了梁的模板和配筋以及吊装方向等信息。在梁配筋图中需说明预制梁的连接部位及采取的连接方式（图 4-52），并明确钢筋连接方法。采取特殊连接方式的梁需单独绘制其连接大样。

3. 水平现浇带或现浇圈梁的图面表达

装配整体式剪力墙结构在墙板相接的部位根据不同情况设有水平现浇圈梁或水平现浇带，施工图中需对这部分从下面几个方面进行表达：①标注水平现浇带或圈梁的分布位

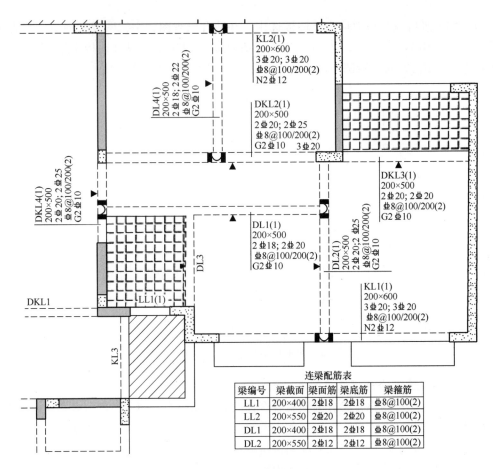

KL2(1)
200×600
3 Φ 20; 3 Φ 20
Φ8@100/200(2)
N2 Φ12

DKL2(1)
200×500
2 Φ 20; 2 Φ 25
Φ8@100/200(2)
G2 Φ10   3 Φ20

DL4(1)
200×500
2 Φ 18; 2 Φ 22
Φ8@100/200(2)

DKL3(1)
200×500
2 Φ 20; 2 Φ 20
Φ8@100/200(2)
G2 Φ10

DKL4(1)
200×500
2 Φ 20; 2 Φ 25
Φ8@100/200(2)
G2 Φ10

DL1(1)
200×500
2 Φ 18; 2 Φ 20
Φ8@100/200(2)
G2 Φ10

DL2(1)
200×500
2 Φ 20;2 Φ25
Φ8@100/200(2)
G2 Φ10

KL1(1)
200×600
3 Φ 20; 3 Φ 20
Φ8@100/200(2)
N2 Φ12

连梁配筋表

梁编号	梁截面	梁面筋	梁底筋	梁箍筋
LL1	200×400	2 Φ18	2 Φ18	Φ8@100(2)
LL2	200×550	2 Φ20	2 Φ20	Φ8@100(2)
DL1	200×400	2 Φ18	2 Φ18	Φ8@100(2)
DL2	200×550	2 Φ12	2 Φ12	Φ8@100(2)

图 4-51 梁配筋示意图

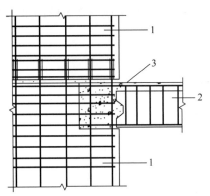

图 4-52 预制梁与剪力墙连接大样
1—预制剪力墙；2—预制叠合梁；3—现浇区域

置；②标注水平现浇带或圈梁的编号；③表达水平现浇带或圈梁的配筋；④所用材料说明；⑤特殊部位（如变截面梁等）特殊表达，如单独绘制大样图等。通常水平现浇带或现浇圈梁与板配筋在同一张图中表示（注意现浇剪力墙不需要设置）。

水平现浇带或现浇圈梁可采用"SHJD××"的形式进行编号，如图 4-53 所示。

4.3.2 装配整体式剪力墙结构制作详图要表达的内容

预制构件制作详图应根据结构施工图的内容和要求进行设计，设计深度应满足预制构件制作、工程量统计的需求和安装施工的要求，包括如下内容：

1. 施工图的进一步细化

（1）预制墙板钢筋布置、钢筋长度、规格、数量、等级；

（2）墙板水平、竖向钢筋驳接位置、长度，套筒、浆锚搭接的大样及材料、保护层

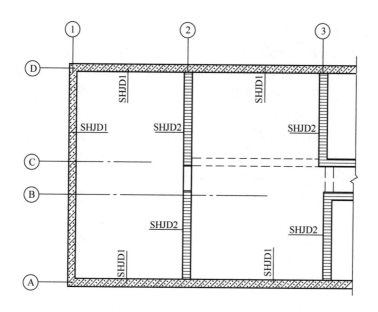

水平现浇带平面布置图

▨▨▨ 表示外墙部分水平现浇带，编号为SHJD1

▬▬▬ 表示内墙部分水平现浇带，编号为SHJD2

水平现浇带表

平面中编号	平面所在位置	所在楼层	配筋	箍筋/拉筋
SHJD1	外墙	3—21	2Φ14	1Φ8
SHJD2	内墙	3—21	2Φ12	1Φ8

图 4-53 水平现浇带（圈梁）图面表达

定位；

（3）墙板放样高度、长度、重量；

（4）预制墙之间及与现浇部分的连接细部要求，如粗糙面、键槽数量及分布、尺寸等；

（5）连梁的尺寸、钢筋布置，与剪力墙的连接大样详图；

（6）现浇部分的详图。

2. 与其他产品的关系

（1）建筑、设备、装饰等专业在墙板预留孔洞、预埋管线、吊挂用的预埋件、螺母、螺杆等；

（2）保温层材料、厚度，与承重墙板的连接材料分布、长度、规格；

（3）预埋门窗边框做法，与填充墙连接方式。

习　题

单项选择题

1. 预制剪力墙施工流程正确的是（　　）。

(A) 标高找平→竖向预留钢筋校正→预制剪力墙、柱预埋件及吊具安装→预制剪力墙、柱吊运及就位→现浇节点施工→预制剪力墙安装及校正→灌浆施工→养护

(B) 标高找平→竖向预留钢筋校正→预制剪力墙、柱预埋件及吊具安装→预制剪力墙安装及校正位→预制剪力墙、柱吊运及就→现浇节点施工→灌浆施工→养护

(C) 标高找平→预制剪力墙、柱预埋件及吊具安装→竖向预留钢筋校正→预制剪力墙、柱吊运及就位→预制剪力墙安装及校正→现浇节点施工→灌浆施工→养护

(D) 标高找平→竖向预留钢筋校正→预制剪力墙、柱预埋件及吊具安装→预制剪力墙、柱吊运及就位→预制剪力墙安装及校正→现浇节点施工→灌浆施工→养护

2. 适用于抗震结构的钢筋，其实测抗拉强度与实测屈服强度之比不小于（　　）。

(A) 1.35　　　　　(B) 1.25　　　　　(C) 1.45　　　　　(D) 1.30

3. 当预制剪力墙截面厚度不小于（　　）mm 时，应配置双排双向分布钢筋网。

(A) 140　　　　　(B) 160　　　　　(C) 180　　　　　(D) 200

4. 当房屋高度不大于 10m 且不超过 3 层时，预制剪力墙截面厚度不应小于（　　）mm。

(A) 120　　　　　(B) 160　　　　　(C) 200　　　　　(D) 250

5. 预制剪力墙底部接缝宜为（　　）mm。

(A) 10　　　　　(B) 20　　　　　(C) 30　　　　　(D) 40

6. 当仅在一面墙上设置后浇段时，后浇段的长度不宜小于（　　）。

(A) 300mm　　　　(B) 400mm　　　　(C) 500mm　　　　(D) 600mm

7. 当接缝位于纵横墙交接处的构造边缘构件区域时，构造边缘构件采用后浇混凝土的范围是（　　）。

(A) ≥300mm　　　(B) ≥400mm　　　(C) ≥500mm　　　(D) ≥600mm

8. 预制剪力墙顶部设置连续水平后浇带，应配置不少于 2 根连续纵向钢筋，其直径不宜小于（　　）mm。

(A) 10　　　　　(B) 12　　　　　(C) 14　　　　　(D) 16

9. 一级抗震等级下，剪力墙加密区水平分布钢筋最大间距是（　　）mm。

(A) 80　　　　　(B) 100　　　　　(C) 150　　　　　(D) 200

10. 预制剪力墙的连梁不宜开洞，当需开洞时，洞口宜预埋套管，洞口上、下截面的有效高度不宜小于梁高的 1/3，且不宜小于（　　）mm。

(A) 150　　　　　(B) 200　　　　　(C) 250　　　　　(D) 300

码 4-1　第 4 章习题
参考答案

第5章　装配式混凝土结构构件制作与安装

【教学目标】

1. 了解装配式混凝土结构构件生产方式、制作流程及检验内容。
2. 熟悉装配式混凝土结构安装前准备工作内容。
3. 掌握装配式混凝土结构竖向构件、水平构件及其他构件的安装工艺及技术要点。
4. 熟悉装配式混凝土结构施工现场质量与安全管理。
5. 熟悉装配式混凝土结构现浇节点模板设计、预制墙板支撑设计及预制构件吊装设计。

5.1　装配式混凝土结构构件制作

5.1.1　生产方式

装配式混凝土结构构件一般情况下是在工厂制作。根据构件类型特点的不同，生产方式可分为固定模台生产和流水线生产。

固定模台生产主要适用于生产梁、柱、楼梯、飘窗、转角墙板、沉箱等异型构件。如图 5-1 所示，固定模台生产是在固定位置进行，它的优点是投资小、适用范围广、方便灵活、适应性强等；它的缺点是占地面积较大、对单个作业者的技能要求较高等。

流水线生产是钢台车按照一定方向循环流动，每一个生产工位只专注于操作特定工序，能有效提升生产线工作效率及产量，如图 5-2 所示。流水线生产主要适用于生产墙板、楼板等标准构件，其优点是能将作业工序划分到不同工位进行操作，来实现产品节拍式生产，提高生产效率与产品质量，降低作业者劳动强度及技能要求。它的缺点在于投资较大，回报周期较长，构件外形、尺寸受限等。目前我国绝大多数都采用流水线生产。

图 5-1　固定模台生产

图 5-2　流水线生产

5.1.2 生产设备

现阶段主要装配式混凝土结构构件生产设备包含：生产流水线控制系统、布料机、振动台、振动赶平机、抹光机、模台、翻板机、拉毛机、模台清扫设备、模台喷涂机、自动式码垛机、预制构件保养窑等。生产线整套设备见图5-3。

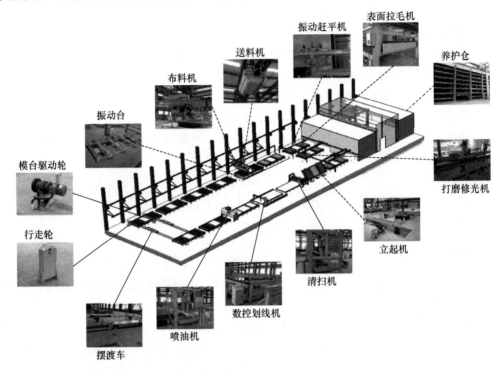

图 5-3　生产线整套设备

1. 支撑、驱动轮、输送线控制系统

模板轨道自动传送系统由滚轮支架及带制动摩擦轮驱动装置组成。输送线控制系统用于传送空周转平台及带制品周转平台，是一条从空周转平台到成品下线的输送线。采用PLC自动控制系统对整个流程进行控制。

操作人员可通过选择运行模式将整个输送线分工，各工位可以独立运行及组合运行，可以手动、自动、半自动化切换运行，输送线流程中间有清理，喷涂隔离剂，钢筋安装，横移等工位。驱动线按生产工艺分为装钢筋网工位，安装钢筋、埋件工位，浇筑工位，养护工位，整平工位，抹平工位，拉毛工位，窑底1号，窑底2号，拆除边模工位，脱模工位等。每个工位都装有防撞装置。支撑、驱动轮、输送线控制系统如图5-4所示。

2. 布料机

混凝土布料机用于向混凝土构件模具中进行均匀定量的混凝土布料。混凝土布料机用于向混凝土构件模具中进行均匀定量的混凝土布料。设备由双梁行走架、大车行走机构、小车行走机构、混凝土料斗、安全装置、气动系统、清洗装置和电气控制系统等组成。

布料机可按图纸尺寸、设计厚度要求由程序控制均匀布料。其具有平面两坐标运动控制、纵向料斗升降功能。控制系统留有计算机接口，便于实现直接从中央控制室计算机系

图 5-4　输送线控制系统

（a）行走轮；（b）驱动轮；（c）辊道输送线；（d）输送线控制室

统读取图纸数据的功能。

布料机采用整幅布料，布料速度快且操作简便。布料机料斗容积约 $3m^3$，行走速度、布料速度可调。布料机配清洗平台、高压水枪和清理用污水箱，便于清洗和污水回收。布料机可人工手动控制和自动控制。料斗机带混凝土称重计量装置。混凝土布料机见图 5-5。

3. 振动台

用于振捣完成布料后的周转平台，将其中混凝土振捣密实。设备组由固定台座、振动台面、减振提升装置、锁紧机构、液压系统和电气控制系统组成。

固定台座和振动台座各有三组，前后依次布置，固定台座与振动台面之间装有减振提升装置，减振提升装置由空气弹簧和限位装置组

图 5-5　混凝土布料机

成。周转平台放置于振动台上。振动台锁紧装置锁紧，将周转平台与振动台锁紧为一体，布料机在模具中进行布料。布料完成后，振动台起升后再起振，将模具中混凝土振捣密实。混凝土振动台见图 5-6。

4. 刮平机

刮平机将布料机浇筑的混凝土振捣并刮平，使得混凝土表面平整。刮平机由钢支架、

大车、小车、整平机构及电气系统等组成。刮平机在钢支架上纵向走行，安全平稳，不易发生伤人事故，刮平机构在小车上安装，小车横向行走，其刮平范围可覆盖整个模板，其操作方便，维护工作量小。刮平机装有特制刮平板，刮平板由耐磨材料按照特定的弧度压制而成，整平效果好。刮平机如图5-7所示。

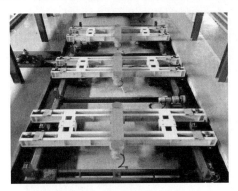
图5-6　混凝土振动台

图5-7　刮平机

5. 抹光机

抹光机用于内外墙板外表面的抹光。在构件初凝后将构件表面抹光，保证构件表面的光滑。抹光机由门架式钢结构机架、走行机构、抹光装置、提升机构、电气控制系统等组成。抹光机如图5-8所示。

6. 拉毛机

对叠合板构件新浇筑混凝土的上表面应进行拉毛处理，以保证叠合板和后浇筑的底板混凝土较好地结合起来。拉毛机由钢支架、变频驱动的大车及走行机构、小车走行、升降机构、转位机构、可拆卸的毛刷、1套电气控制系统组成。拉毛机在钢支架上纵向走行，小车在大车轨道上横向走行，拉毛范围可覆盖整个模板。拉毛毛刷由合金刀板组成。拉毛机如图5-9所示。

图5-8　抹光机

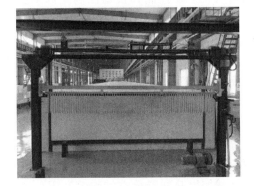
图5-9　拉毛机

7. 养护窑

养护窑是将混凝土构件在养护窑中存放，经过静置、升温、恒温、降温等阶段使水泥构件凝固强度达到要求。设备由窑体、蒸汽系统（或散热片系统）、温度控制系统等组成。根据生产需求设置具体养护工位数。立体养护窑窑体是由型钢组合成框架，框架上安装有托轮，托轮为模块化设计。窑体外墙用保温材料拼合而成，每列构成独立的养护空间，可分别控制各孔位的温度。窑体底部设置两个进出输送地面辊道，模板可沿地面辊道通过。

养护窑具有较为完善的功能，有工艺温度的参数设置，根据布置在养护窑内多点的温度传感器，采集不同位置的温度信号，自动调节蒸养阀门，使蒸养窑内形成一个符合温度梯度要求的、无温度阶跃变化的温度环境。养护窑如图 5-10 所示。

图 5-10 养护窑

8. 码垛机

堆码机将振捣密实的水泥构件及模具送至立体养护窑指定位置，将养护好的水泥构件及模具从养护窑中取出，送回生产线上，输送到指定的脱模位置。

其设备由行走系统、大架、提升系统、吊板输送架、取送模机构、纵向定位机构、横向定位机构、电气系统等组成。

横向行走由变频制动电机驱动，横向行走装有夹轨导向装置、横向定位装置，保证横向走位精度，码垛车与养护窑重复位置精度不变。码垛车移动到将要出模的位置，首先取模机构伸出，将模具勾住拉至吊板输送架能够驱动模具的位置后，吊板输送架驱动模台，到位后，输送架下落，码垛车横移到正对脱模工位，送至脱模工位。码垛车如图 5-11 所示。

9. 翻转机

模板固定于托板保护机构上，可将水平板翻转 85°～90°，便于制品竖直起吊。设备由翻转装置、托板保护机构、电气系统、液压系统组成。翻转装置由两个相同结构翻转臂组成，翻模机构又可分为固定台座、翻转臂、托座、模板锁死装置。拆除边模的周转平台通过滚轮输送到翻转工位，模具锁死装置固定模板，托板保护机构托住制品底边，翻转油缸顶升，翻转臂开始翻转，翻转角度达到 85°～90°时，停止翻转，制品被竖直吊走，翻转模板复位。翻转机如图 5-12 所示。

图 5-11 码垛机

图 5-12 翻转机

10. 模具清扫机

模具清扫机将脱模后的空模台上附着的混凝土清理干净。模具清扫机由清渣铲、横向刷辊、坚固的支撑架、除尘器、清渣斗和电气系统组成。清渣铲能将附着的混凝土铲下，横向刷辊可以将底模上混凝土渣清扫干净，模具通过后掉落在清渣斗内。吸尘器能将毛刷激起的扬尘吸入滤袋内，避免粉尘污染。模具清扫机如图 5-13 所示。

11. 摆渡车

摆渡车用于线端模具的横移。该设备由框式机架、行走机构、支撑轮组、驱动轮组及电控系统等组成。摆渡车工作过程如下：首先周转平台通过生产线上的驱动轮装置及摆渡车上的驱动轮组装置进入摆渡车上方，由支撑轮组支撑，到达摆渡车上指定位置；然后行走机构开始工作，横向移动至另一侧工位；最后横向运送车返回原位。考虑到运输模具过程的复杂工况，摆渡车各部分的位置识别通过固定在车上的感应式启动器和固定在地面上的信号轨进行。摆渡车如图 5-14 所示。

图 5-13　模具清扫机

图 5-14　摆渡车

5.1.3　模具设计

码 5-1　预制混凝土构件生产流程演示

预制混凝土构件模具是装配式混凝土建筑行业专用的工艺装备，在预制混凝土构件的生产过程中起到控制构件外形尺寸、准确定位预埋件及钢筋的作用。模具方案的优劣直接决定构件的质量，因此模具设计是影响构件大规模、高质量生产的关键因素。

预制构件模具设计内容主要包括：根据构件类型和设计要求，确定模具类型和材料；确定模具的生产使用方式和脱模方案；确定预埋件、预留孔洞等定位方案；确定钢筋出筋的定位和脱模方向；对模具拼焊处应设置焊接要求；对模具零件标明技术及装配要求等。

一般来说，不同项目、不同构件的模具都不一样，但是可以通过精巧的设计使部分模具具备通用性或者通过构件标准化来促进模具的通用性，以降低模具成本。预制混凝土构件模具不同于冲压模具或注塑模具等其他工业模具，其成型产品主要原材料为混凝土，混凝土具有成型慢、易胀模、腐蚀性等特点，同时因装配式混凝土建筑项目个体的独特性、非标准性，使得构件模具也有使用寿命短、专用性强、模具不易护理等特点，这将直接影响模具材料的选择。预制混凝土构件模具的材料需具备不易变形、耐腐蚀、轻便等特性。常用的材料有：适合多次使用的 Q235 普通碳素结构钢、铝材等；适合临时使用、可生产次数少、成本低的木制板材模具；因构件特殊性而开发的塑料和橡胶模具，如制作表面仿瓷砖构件时使用的硅胶模具等。模具设计时，利用材料特性使模具拥有了更多的可适用性。如何设计出耐用、好用、成本低廉的模具，成为构件生产新课题。

5.1.4 预制构件的制作

预制构件生产应在工厂或符合条件的现场进行。根据场地的不同、构件的尺寸、实际需要等情况，分别采取流动模台法或固定模台法预制生产，并且生产设备应符合相关行业技术标准要求。构件生产企业应依据构件制作图进行预制构件的制作，并应根据预制构件型号、形状、重量等特点制定相应的工艺流程，明确质量要求和生产各阶段质量控制要点，编制完整的构件制作计划书，对预制构件生产全过程进行质量管理和计划管理。

预制构件生产的通用工艺流程为：建筑制作图设计→构件拆卸设计（构件模板配筋图、预埋件设计图）→模具设计→模具制作→模台清理→模具组装→隔离剂、粗集料剂涂刷→钢筋加工绑扎→水电、预埋件、门窗预埋→隐蔽工程验收→混凝土浇筑→养护→脱模、起吊→表面处理→质检→构件成品入库或运输。

1. 模具组装

模具组装时，确保模具各部件连接牢固、外形尺寸与预埋定位偏差可控，从而避免在后续的浇捣、振动工序中出现模具松动、移位现象，使构件外形尺寸合规，如图 5-15 所示。模具一旦确定尺寸，各挡边及悬挑采用快速夹锁紧，并用磁盒压紧在钢台车上。模具组装完成后则需对模具进行编号确认、尺寸测量以及外观检测等并做好记录。

2. 涂隔离剂

涂隔离剂是指对与混凝土接触的钢台车和模具表面均匀涂抹隔离剂的过程，它主要是为了降低脱模阻力，促进脱模顺利，如图 5-16 所示。涂抹前应根据隔离剂配比对隔离剂纯液进行稀释（墙板生产中，隔离剂纯液与水配比一般控制在 1∶3（重量比），楼板生产中，隔离剂纯液与水配比一般控制在 1∶2（重量比））。配好的隔离剂用喷洒机盛装，喷洒在台车和模具表面，用拖把涂刷隔离剂，做到均匀无积液。

| 图 5-15　模具组装 | 图 5-16　涂刷隔离剂 |

3. 钢筋布置

钢筋加工设备收到信息管理系统提供的物料加工指令后，自动进行钢筋的加工，加工钢筋种类包括直条类、弯箍类、网片、桁架等。工人对已加工的钢筋进行打包并配送至生产线，生产线依据预制混凝土构件工艺详图，针对构件所含的钢筋进行铺设与绑扎，如图 5-17 所示。钢筋布置过程中，留出钢筋与模具挡边 2～2.5mm 的保护层厚度。绑扎钢筋时，扎丝头方向统一朝构件内侧，不得露出预制混凝土表面。

4. 预埋安装

预埋安装是指针对预制混凝土构件中除钢筋外的其他配件进行预先安装的过程，其中常见的预埋件主要有预埋钢板、套筒、吊钉、强弱电箱、线盒与线管等，如图 5-18 所示。预埋安装时需注意套筒位置公差为±5mm，线盒位置公差为±3mm，预留孔洞位置公差为±5mm，位置确定后安装牢固，避免预埋件偏移。预埋安装完成后则需对整个构件半成品进行预埋件和钢筋的数量规格确认、尺寸测量、外观检测等并做好记录。

图 5-17　钢筋布置　　　　　　　　　图 5-18　预埋安装

5. 混凝土的浇筑

通过布料机前后左右移动完成混凝土的浇筑过程（图 5-19），其中混凝土浇筑量通过系统计算控制，并由循环送料车转运至布料机。布料过程中控制布料机由基准点开始移动，沿模具先远后近浇捣到位，并使混凝土均匀饱满。随后振动台固定爪夹紧钢台车，对模具内混凝土进行 5～10s 的振动，使混凝土振捣密实、表面平整。振动时间不宜过长，以免混凝土发生离析。

6. 混凝土后处理

混凝土后处理是指混凝土在浇捣振动完成后至混凝土终凝前，对混凝土表面进行赶平、抹面、收面的过程，如图 5-20 所示。后处理时采用自动刮平机对构件表面进行处理，

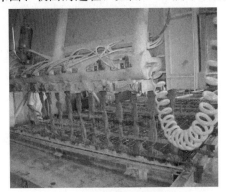

图 5-19　混凝土的浇筑　　　　　　　　图 5-20　混凝土的抹平

表面平整度应控制在 3mm 以内。如需拉毛,则在混凝土失去流动性后,采用专用设备根据要求拉细毛或粗毛,拉毛应无间断、均匀、美观。

7. 进窑养护

目前,混凝土养护采用自然养护、蒸汽养护、养护剂养护等。自然养护采用覆盖麻袋、草帘或塑料薄膜来实现浇水保温与防风保温效果的养护方法。蒸汽养护则需要在专业蒸养设施中进行,通过管道运输蒸汽,加热混凝土并保持必要温度、湿度和压力。养护剂养护是通过养护剂在新生混凝土表面涂抹一层化学溶剂,该溶剂形成一层不透水的聚合物薄膜,防止混凝土在硬化过程中损失水分。

预制混凝土构件一般采用在养护窑内进行蒸汽养护的方式,养护窑具备自动监控和检测构件养护状况的能力,实时调节养护窑内温度、湿度等,从而缩短养护时间,提高养护质量。

8. 预制构件的脱模与表面修补

构件蒸汽养护后,蒸养罩内外温差小于 20℃时方可进行拆模作业。构件拆模应严格按照顺序拆除模具,不得使用振动方式拆模。

构件拆模时,应仔细检查确认构件与模具之间的连接部分完全拆除后方可起吊。

预制构件拆模起吊时,应根据设计要求或具体生产条件确定所需的混凝土标准立方体抗压强度,并应满足下列要求:

① 脱模混凝土强度应不小于 15MPa;

② 外墙板、楼板等较薄预制构件起吊时,混凝土强度应不小于 20MPa;

③ 梁、柱等较厚预制构件起吊时,混凝土强度不应小于 30MPa;

④ 对于预应力预制构件及拆模后需要移动的预制构件,拆模时的混凝土立方体抗压强度应不小于混凝土设计强度的 75%。

构件起吊应平稳,楼板宜采用专用多点吊架进行起吊,墙板宜先采用模台翻转方式起吊,模台翻转角度不应小于 75°,然后采用多点起吊方式脱模(图 5-21)。复杂构件应采用专门的吊架进行起吊。

图 5-21　墙板翻转脱模

构件脱模时,不存在影响结构性能的钢筋、预埋件或者连接件锚固的局部破损和构件表面的非受力裂缝时,可用修补浆料进行表面修补。构件脱模后,构件外装饰材料出现破损应进行修补。

5.1.5 预制构件的检验

装配式混凝土结构中的构件检验关系到主体的质量安全，应高度重视。预制构件的检验主要包括原材料检验、隐蔽工程检验、成品检验三部分。

码 5-2 美好装配
生产线全流程

1. 原材料检验

预制构件生产所用的混凝土、钢筋、套筒、灌浆料、保温材料、拉结件、预埋件等应符合现行国家相关标准的规定，并应进行进场检验，经检验合格后方可使用。预制构件采用钢筋的规格、型号、力学性能和钢筋的加工、连接、安装等应符合现行国家标准《混凝土结构工程施工质量验收规范》GB 50204 的规定。门窗框预埋应符合现行国家标准《建筑装饰装修工程质量验收规范》GB 50210 的规定。混凝土的各项力学性能应符合现行国家标准《混凝土结构设计规范》GB 50010 的规定；钢材的各项力学性能指标应符合现行行业标准《钢筋连接用灌浆套筒》JG/T 398 的规定；聚苯板的性能指标应符合现行国家标准《绝热用模塑聚苯乙烯泡沫塑料（EPS）》GB/T 10801.1 和《绝热用挤塑聚苯乙烯泡沫塑料（XPS）》GB/T 10801.2 的规定。

2. 隐蔽工程检验

预制构件的隐蔽工程验收包括钢筋的规格、数量、位置、间距，纵向受力钢筋的连接方式、接头位置、接头质量、接头面积百分率、接搭长度等；箍筋、横向钢筋的规格、数量、位置、间距，箍筋弯钩的弯折角度及平直段长度等；预埋件、吊点、插筋的规格、数量、位置等；灌浆套筒、预留孔洞的规格、数量、位置等；钢筋的混凝土保护层厚度；夹心外墙板的保温层位置、厚度，拉结件的规格、数量、位置等；预埋管线、线盒的规格、数量、位置及固定措施。预制构件厂的相应管理部门应及时对预制构件混凝土浇筑前的隐蔽分项进行自检，并做好验收记录。

3. 成品检验

预制构件在出厂前应进行成品质量验收，其检查项目包括预制构件的外观质量、预制构件的外形尺寸、预制构件的钢筋、连接套筒、预埋件、预留孔洞、预留构件的外装饰和门窗框。其检查结果和方法应符合现行国家标准的规定。

5.1.6 预制构件的存储和运输

1. 预制构件的存储

预制构件堆放存储通常可采用平面堆放或竖向固定两种方式。楼板、楼梯、梁和柱通常采用平面堆放方式，如图 5-22 所示。墙板构件一般采用竖向固定方式，如图 5-23 所示。

2. 预制构件的运输

预制构件运输的流程为：

制定运输方案 → 设计并制造运输架 → 验算构件强度 → 查看运输路线 → 清查构件

制定运输方案：需要根据运输构件实际情况，装卸车现场及运输道路的情况，施工单位或当地的起重机械和运输车辆的供应条件以及经济效益等因素综合考虑，最终选定运输

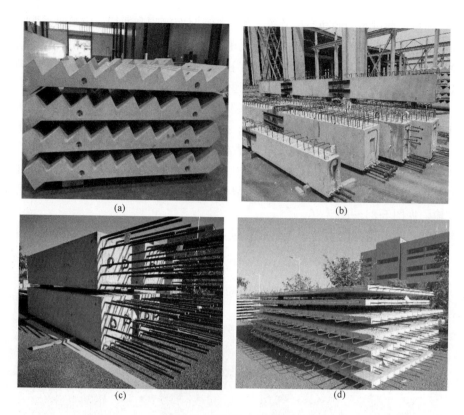

图 5-22 预制构件平面堆放

（a）楼梯平面堆放；（b）预制梁平面堆放；（c）预制柱平面堆放；（d）预制板平面堆放

图 5-23 预制构件竖向固定

方法、选择起重机械（装卸构件用）和运输车辆。

设计并制作运输架：根据构件的重量和外形尺寸进行设计制作，且尽量考虑运输架的通用性。

验算构件强度：对钢筋混凝土屋架和钢筋混凝土柱子等构件，根据运输方案所，验算构件在最不利截面处的抗裂度，避免在运输中出现裂缝。如有出现裂缝的可能，应进行加固处理。

查看运输路线：组织有司机参加的有关人员察看道路情况，沿途上空有无障碍物，公路桥的允许负荷量,通过的涵洞净空尺寸等。如不能满足车辆顺利通行,应及时采取措施。此外,应注意沿途是否横穿铁道,如有应查清火车通过道口的时间,以免发生交通事故。

预制构件的运输首先应考虑公路管理部门的要求和运输路线的实际情况,以满足运输安全为前提。装载构件后,货车的总宽度不超过 2.5m,货车总高度不超过 4.0m,总长度不超过 15.5m。一般情况下,货车总重量不超过汽车的允许载重,且不得超过 40t。特殊构件经过公路管理部门的批准并采取措施后,货车总宽度不超过 3.3m,货车总高度不超过 4.2m,总长度不超过 24m,总载重不超过 48t。

预制构件的运输可采用低平板半挂车或专用运输车,并根据构件的种类不同而采取不同的固定方式,楼板采用平面堆放式运输、异型构件采用立式运输、墙板采用斜卧式运输或立式运输,见图 5-24~图 5-26。

清查构件:清查构件的型号、质量和数量,有无加盖合格印和出厂合格证书等。

图 5-24　楼板的平面堆放式运输 　　　　图 5-25　异型构件采用立式运输

(a)　　　　　　　　　　　　　　(b)

图 5-26　墙板的运输
(a)墙板的立式运输；(b)墙板的斜卧式运输

5.2　装配式混凝土结构安装前准备

5.2.1　技术准备

1. 深化设计图纸准备

装配式混凝土结构工程施工前,应由相关单位完成深化设计,并经原设计单位确认。

预制构件的深化设计图应包括但不限于下列内容：

（1）预制构件模板图、配筋图、预埋吊件及各种预埋件的细部构造图等；

（2）夹心保温外墙板，应绘制内外叶墙板拉结件布置图及保温板排布图；

（3）水、电线、管、盒预埋预设布置图；

（4）预制构件脱模、翻转过程中混凝土强度及预埋吊件承载力的验算；

（5）对带饰面砖或饰面板的构件，应绘制排砖图或排板图。

2. 施工组织设计

工程项目明确后，应该认真编写施工组织设计。施工组织设计应突出装配式结构安装的特点，对施工组织及部署的科学性、施工工序的合理性、施工方法选用的技术性、经济性和实现的可能性进行科学的论证；能够达到科学合理地指导现场施工，组织调动人、机、料、具等资源完成装配式安装的总体要求；针对一些技术难点提出解决问题的方法。

3. 施工现场平面布置

施工现场平面图是在拟建工程的建筑平面上（包括周围环境），布置为施工服务的各种临时建筑、临时设施及材料、施工机械、预制构件等，是施工方案在现场的空间体现。它反映已有建筑在拟建工程之间、临时建筑与临时设施间的相互空间关系。

4. 图纸会审

图纸会审是指由建设单位主持，工程各参建单位（设计单位、施工单位、监理单位等相关单位）在收到施工图审查机构审查合格的施工图设计文件后，在设计交底前进行全面细致的熟悉和审查施工图纸的活动。

图纸会审目的有两个：

一是使施工单位和各参建单位熟悉设计图纸，了解工程特点和设计意图，找出需要解决的技术难题，并制定解决方案；

二是解决图纸中存在的问题，减少图纸的差错，使设计达到经济合理、符合实际，以利于施工顺序进行。

图纸会审应在开工前进行。如施工图纸在开工前未全部到齐，可先进行分部工程图纸会审。

图纸会审的一般程序：业主方或监理方主持人发言→设计方图纸交底→施工方、监理方代表提问题→逐条研究→形成会审记录文件→签字、盖章后生效。

对于装配式结构的图纸会审应重点关注以下几个方面：

① 装配式结构体系的选择和创新应该进行专家论证，深化设计图应该符合专家论证的结论。

② 对于装配式结构与常规结构的转换层，其固定墙部分需与预制墙板灌浆套筒对接的预埋钢筋的长度和位置。

③ 墙板间边缘构件竖缝主筋的连接和箍筋的封闭，后浇混凝土部位粗糙面和键槽。

④ 预制墙板之间上部叠合梁对接节点部位的钢筋（包括锚固板）搭接是否存在矛盾。

⑤ 外挂墙板的外挂节点做法、板缝防水和封闭做法。

⑥ 水、电线管盒的预埋、预留，预制墙板内预埋管线与现浇楼板内预埋管线的衔接。

5.2.2 人员准备

1. 施工管理人员与技术工人配置

（1）施工管理组织构架

装配式混凝土结构建筑施工管理组织构架与工程性质、工程规模有关，与施工企业的管理习惯和模式有关。施工管理组织架构参考模式见图 5-27。

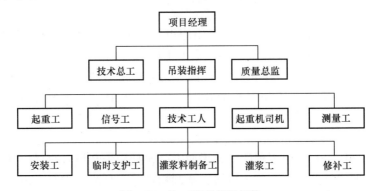

图 5-27　施工管理组织架构

（2）施工管理人员

1）项目经理

装配式混凝土结构施工的项目经理除了具备组织施工的基本管理能力外，应当熟悉装配式建筑施工工艺、质量标准和安全规程，有非常强的计划意识。

2）计划-调度

这个岗位强调计划性，按照计划与装配式混凝土结构建筑工厂衔接，对现场作业进行调度。

3）质量控制与检查

对装配式混凝土结构构件进场进行检查，对前道工序质量和可安装性进行检查。

4）吊装指挥

吊装作业的指挥人员应熟悉装配式混凝土结构构件吊装工艺和质量要点等；有计划、组织、协调能力；安全意识、质量意识、责任心强；对各种现场情况，有应对能力。

5）技术总工

熟悉装配式混凝土结构施工技术各个环节，负责施工技术方案及措施的制定设计、技术培训和现场技术问题处理等。

6）质量总监

熟悉装配式混凝土结构构件出厂的标准、装配式混凝土结构施工材料检验标准和施工质量标准，负责编制质量方案和操作规程，组织各个环节的质量检查等。

（3）专业技术工人

与现浇混凝土建筑相比，装配式混凝土结构施工现场作业工人有所减少，有些工种大幅度减少，如模具工、钢筋工、混凝土工等。

装配式混凝土结构作业增加了一些新工种，如信号工、起重工、安装工、灌浆料制备工、灌浆工等；还有些工种作业内容有所变化，如测量工、塔式起重机驾驶员等。对这些工种应当进行装配式混凝土结构施工专业知识、操作规程、质量和安全培训，考试合格后方可上岗操作。国家规定的特殊工种必须持证上岗作业。

各个工种的基本技能与要求为：

1）测量工

测量工进行构件安装三维方向和角度的误差测量与控制。熟悉轴线控制与界面控制的测量定位方法，确保构件在允许误差内安装就位。

2）塔式起重机驾驶员

装配式混凝土结构构件重量较大，安装精度在几毫米以内，多个甚至几十个套筒或浆锚孔对准钢筋，要求装配式混凝土结构工程的塔式起重机驾驶员比现浇混凝土工地的塔式起重机驾驶员有更精细准确吊装的能力与经验。

3）信号工

信号工也称为吊装指令工，向塔式起重机驾驶员传递吊装信号。信号工应熟悉装配式混凝土结构构件的安装流程和质量要求，全程指挥构件的起吊、降落、就位、脱钩等。该工种是保证装配式混凝土结构安装质量、效率和安全的关键工种，技术水平、质量意识、安全意识和责任心都应较强。

4）起重工

起重工负责吊具准备、起吊作业时挂钩、脱钩等作业，须了解各种构件名称及安装部位，熟悉构件起吊的具体操作方法和规程、安全操作规程、吊索吊具的应用等，现场作业经验丰富。

5）安装工

安装工负责构件就位、调节标高支垫、安装节点固定等作业。熟悉不同构件安装节点的固定要求，特别是固定节点、活动节点固定的区别。熟悉图样和安装技术要求。

6）临时支护工

临时支护工负责构件安装后的支撑、施工临时设施安装等作业。熟悉图样及构件规格、型号和构件支护的技术要求。

7）灌浆料制备工

灌浆料制备工负责灌浆料的搅拌制备，熟悉灌浆料的性能要求及搅拌设备的机械性能，严格执行灌浆料的配合比及操作规程，经过灌浆料厂家培训及考试后持证上岗，质量意识、责任心强。

8）灌浆工

灌浆工负责灌浆作业，熟悉灌浆料的性能要求及灌浆设备的机械性能，严格执行灌浆料操作流程及规程，经过灌浆料厂家培训及考试后持证上岗，质量意识、责任心强。

9）修补工

修补工对运输和吊装过程中构件的磕碰进行修补，需了解修补用料的配合比，以应对各种磕碰的修补方案；也可委托给构件生产工厂进行修补。

2. 人员培训

根据装配式混凝土结构工程的管理和施工技术特点，对管理人员及作业人员进行专项培训，严禁未培训上岗及培训不合格者上岗；要建立完善的内部教育和考核制度，通过定期考核和劳动竞赛等形式提高职工素质。对于长期从事装配式混凝土结构施工的企业，应逐步建立专业化的施工队伍。

钢筋套筒灌浆作业是装配式结构的关键工序，是有别于常规建筑的新工艺，因此施工前，应对工人进行专门的灌浆作业技能培训，模拟现场灌浆施工作业流程，提高注浆工人的质量意识和业务技能，确保构件灌浆作业的施工质量。

3. 技术安全交底

技术安全交底的内容包括图纸交底、施工组织设计交底、设计变更交底、分项工程技术交底。

技术安全交底采用三级制，即项目技术负责人→施工员→班组长。

项目技术负责人向施工员进行交底，要求细致、齐全，并应结合具体操作部位、关键部位的质量要求、操作要点及安全注意事项等进行交底。

施工员接受交底后，应反复、细致地向操作班组进行交底，除口头和文字交底外，必要时应进行图标、样板、示范操作等方法的交底。

班组长在接受交底后，应组织工人进行认真讨论，保证其明确施工意图。

对于现场施工人员要坚持每日班前会制度，与此同时进行安全教育和安全交底，做到安全教育天天讲，安全意识念念不忘。

5.2.3 进场预制构件的存放与检验

1. 现场场地准备

装配式混凝土结构构件的安装施工计划应考虑构件直接从车上吊装，如此不用二次运转，不需要存放场地，减少了塔式起重机工作量。日本的装配式混凝土结构工程吊装计划细分到每天每小时作业内容，构件运输的时间与现场构件检查、吊装的时间衔接得非常紧凑，施工现场很少有专用的构件存放场地。一般都是来一车吊装一车，效率非常高，见图5-28。

考虑国内实际情况，施工车辆在一些时间段限行，在一些区域限停，工地不得不准备构件临时堆放场地。

施工现场预制构件临时堆场的要求：

(1) 在起重机作业半径覆盖范围；

(2) 地面硬化平整、坚实，有良好的排水措施；

(3) 如果构件存放到地下室顶板或已经完工的楼层上，必须征得设计的同意，楼盖承载力满足堆放要求；

(4) 场地布置应考虑构件之间的人行通道，方便现场人员作业，道路宽度不宜小于600mm；

(5) 构件临时场地应避免布置在高处作业下方。

2. 进场预制构件的存放

预制构件运送到施工现场后，应按规格、品

图5-28 随吊随运施工现场

122

种、所用部位、吊装顺序分别设置堆场。

预制构件装卸时应考虑车体平衡，采取绑扎固定措施。预制构件边角部或与紧固用绳索接触的部位，宜采用垫衬加以保护。

预制墙板宜对称插放或靠放存放，支架应有足够的刚度，并支垫稳固。预制外墙板宜对称靠放、饰面朝外，且与地面倾斜角度不宜小于80°。预制墙板存放见图5-29。

图 5-29　预制墙板存放

预制板类构件可采用叠放方式存放，构件层与层之间应垫平、垫实，每层构件之间的垫木或垫块应在同一垂直线上，如图5-30所示。依据工程经验，一般中小跨构件叠放层数不超过5层，大跨和特殊构件叠放层数和支垫位置，应根据构件施工验算确定。

图 5-30　阳台、预制楼梯存放

预应力带肋混凝土叠合楼板堆放或运输时，PK板不得倒置，最底层板下部应设置垫块，垫块的设置要求为：当板跨度 $L \leqslant 6.0\text{m}$ 时应设置2道垫块，当板跨度 $6.0\text{m} < L \leqslant 8.7\text{m}$ 时应设置4道垫块。垫块上应放置垫木后再将PK板堆放其上。各层PK板间需设垫木，且垫木应上下对齐。每跺堆放层数不大于6层，不同板号应分别堆放。具体堆放如图5-31所示。

3. 预制构件的进场检验

虽然装配式混凝土结构构件在制作过程中有监理人员驻厂检查，每个构件出厂前也进行出厂检验，但构件入场时必须进行质量检查验收。

图 5-31　PK 板存放

构件到达现场，现场监理员及施工单位质检员应对进入施工现场的构件以及构件配件进行检查验收，包括数量、规格型号、检查质量证明文件或质量验收记录和外观质量检验。

图 5-32　预制构件检验

一般情况下，构件直接从车上吊装，所以数量、规格、型号的核实和质量检验在车上进行，检验合格可以直接吊装，见图 5-32。

即使不直接吊装，将构件卸到工地堆场，也应当在车上进行检验，一旦发现不合格，直接运回工厂处理。

（1）数量核实与规格型号核实

1）核对进场构件的规格型号和数量，将清点核实结果与发货单对照（拍照记录）。如果有问题及时与构件制造工厂联系。

2）构件到达施工现场应当在构件计划总表或安装图样上用醒目的颜色标记。并据此统计出工厂尚未发货的构件数量，避免出错。

3）如有随构件配置的安装附件，须对照发货清单一并验收。

（2）质量证明文件检查

质量证明文件检查属于主控项目，即"对安全、节能、环境保护和主要使用功能起决定性作用的检验项目"。须检查每一个构件的质量证明文件，也就是进行全数检查。装配式混凝土结构构件质量证明文件包括：

1）装配式混凝土结构构件产品合格证明书。

2）混凝土强度检验报告。

3）钢筋套筒与灌浆料拉力试验报告。

4）其他重要检验报告。

装配式混凝土结构构件的钢筋、混凝土原材料、预应力材料、套筒、预埋件等检验报告和构件制作过程的隐蔽工程记录，在构件进场时可不提供，应在装配式混凝土结构构件制作企业存档。

对于总承包企业自行制作预制构件的情况，没有进场的验收环节，其质量证明文件为构件制作过程中的质量验收记录。

（3）质量检验

构件的质量检验是在预制工厂检查合格的基础上进行进场验收，外观质量应全数检查，尺寸偏差为按批抽样检查。

1）外观严重缺陷检验

构件外观严重缺陷检验是主控项目，须全数检查。通过观察、尺量的方式检查。

构件不应有严重缺陷，且不应有影响结构性能和安装、使用功能的尺寸偏差。

严重缺陷包括纵向受力钢筋有露筋；构件主要受力部位有蜂窝、孔洞、夹渣、疏松；影响结构性能或使用功能的裂缝；连接部位有影响使用功能或装饰效果的外形缺陷；具有重要装饰效果的清水混凝土构件表面有外表缺陷等；石材反打、装饰面砖反打和装饰混凝土表面影响装饰效果的外表缺陷等。

如果构件存在上述严重缺陷，或存在影响结构性能和安装、使用功能的尺寸偏差，不能安装，须由装配式混凝土结构工厂进行处理。技术处理方案经监理单位同意方可按处理方案进行处理；对裂缝或连接部位的严重缺陷及其他影响结构安全的严重缺陷，技术处理方案尚应经设计单位认可。处理后的构件应重新验收。

2）预留插筋、埋置套筒、预埋件等检验

对装配式混凝土结构构件外伸钢筋、套筒、浆锚孔、钢筋预留孔、预埋件、预埋避雷带、预埋管线等进行检验。此项检验是主控项目，全数检查。如果不符合设计要求不得安装。套筒检验见图 5-33。

图 5-33　套筒检验

3）梁板类简支受弯构件结构性能检验

梁板类简支受弯装配式混凝土结构构件或设计有要求的装配式混凝土结构构件进场时须进行结构性能检验。结构性能检验是针对构件的承载力、挠度、裂缝控制性能等各项指标所进行的检验，属于主控项目。

工地往往不具备结构性能检验的条件，也可在构件预制工厂进行，监理、建设和施工方代表应当在场。

国家标准《混凝土结构工程施工质量验收规范》GB 50204—2015 附录 B 受弯预制构件结构性能检验给出了结构性能检验要求与方法。

4）构件受力钢筋和混凝土强度实体检验

对于不需要做结构性能检验的所有预制构件，如果监理或建设单位派出代表驻厂监督生产过程，对进场构件可以不做实体检验。否则，将对进场构件的受力钢筋和混凝土进行实体检验。此项为主控项目，抽样检验。

检验数量为同一类预制构件不超过1000个为一批，每批抽取1个构件进行结构性能检验。

同一类是指同一钢种、同一混凝土强度等级、同一生产工艺和同一结构形式。

受力钢筋需要检验数量、规格、间距、保护层厚度。

混凝土需要检验强度等级。

实体检验宜采用不破损的方法进行检验，使用专业探测仪器。在没有可靠仪器的情况下，也可以采用破损方法。

5）标识检查

标识检查属于一般项目检验，除主控项目以外的检验项目为一般项目。

标识检查为全数检查。

构件的标识内容包括制作单位、构件编号、型号、规格、强度等级、生产日期、质量验收标志等。

6）外观一般缺陷检查

外观一般缺陷检查为一般项目，全数检查。

一般缺陷包括纵向受力钢筋以外的其他钢筋有少量露筋；非主要受力部位有少量蜂窝、孔洞、夹渣、疏松、不影响结构性能或使用性能的裂缝；连接部位有基本不影响结构传力性能的缺陷；不影响使用功能的外形缺陷和外表缺陷。

一般缺陷应当由制作工厂处理后重新验收。

7）尺寸偏差检查

尺寸偏差检查为检查尺寸误差、角度误差和表面平整度误差，详见表5-1。检查项目时应当拍照记录并与质量验收记录（见表5-2）一并存档。

预制构件尺寸允许偏差及检验方法　　　　　　　　表5-1

项目			允许偏差（mm）	检验方法
长度	楼板、梁柱、桁架	<12m	±5	尺量
		≥12m且<18m	±10	
		≥18m	±20	
	墙板		±4	
宽度高（厚）度	楼板、梁、柱、桁架		±5	尺量一端及中部，取其中偏差绝对值较大处
	墙板		±4	
表面平整度	楼板、梁、柱、墙板内表面		5	2m靠尺和塞尺量测
	墙板外表面		3	
侧向弯曲	楼板、梁、柱		L/750且≤20	拉线、直尺量测最大侧向弯曲处
	墙板、桁架		L/1000且≤20	
翘曲	楼板		L/750	调平尺在两端量测
	墙板		L/1000	
对角线	楼板		10	尺量两个对角线
	墙板		5	

项目		允许偏差（mm）	检验方法
预留孔	中心线位置	5	尺量
	孔尺寸	±5	
预留洞	中心线位置	10	尺量
	洞口尺寸、深度	±10	
预埋件	预埋板中心线位置	5	尺量
	预埋板与混凝土面平面高差	0，−5	
	预埋螺栓	2	
	预埋螺栓外漏长度	＋10，−5	
	预埋套筒、螺母中心线位置	2	
	预埋套筒、螺母与混凝土面平面高差	±5	
预留插筋	中心线位置	5	尺量
	外漏长度	＋10，−5	
键槽	中心线位置	5	尺量
	长度、宽度	±5	
	深度	±10	

注：L 为构件长度。

预制构件进场检验质量验收记录

表 5-2

单位（子单位）工程名称						
分部（子分部）工程名称				验收部位		
施工单位				项目经理		
构件制作单位				构件制作单位项目经理		
施工执行标准名称及编号						

施工质量验收规程规定				施工单位检查评定记录	监理（建设）单位验收记录
主控项目	1	预制构件合格证及质量证明文件		符合标准		
	2	预制构件标识		符合标准		
	3	预制构件外观严重缺陷		符合标准		
	4	预制构件预留吊环、焊接埋件		符合标准		
	5	预留预埋件规格、位置、数量		符合标准		
	6	预留连接钢筋	中心位置（mm）	3		
			外漏长度（mm）	0，5		
	7	预埋灌浆套筒	中心位置（mm）	2		
			套筒内部	未堵塞		
	8	预埋件（安装用孔洞或螺母）	中心位置（mm）	3		
			螺母内壁	未堵塞		
	9	与后浇部位模板接茬范围平整度（mm）		2		

		施工质量验收规程规定			施工单位 检查评定记录	监理（建设） 单位验收记录
一般项目	1	预制构件外观一般缺陷		符合标准		
	2	长度（mm）		±3		
	3	宽度、高（厚）度		±3		
	4	预埋件	中心位置（mm）	5		
			安装平整度（mm）	3		
	5	预留孔、槽	中心位置（mm）	5		
			尺寸（mm）	0，5		
	6	预留吊环	中心位置（mm）	5		
			外露钢筋（mm）	0，10		
	7	钢筋保护层厚度（mm）		+5，−3		
	8	表面平整度（mm）		3		
	9	预留钢筋	中心位置（mm）	3		
			外露长度（mm）	0，5		
施工单位 检查评定结果		专业工长（施工员）			施工班组长	
		项目专业质量检查员：				年　月　日
监理（建设） 单位验收结论		专业监理工程师 （建设单位项目专业技术负责人）：				年　月　日

5.2.4　水平转运与垂直吊装机械准备

1. 场内水平转运机械准备

场内转运机械应根据现场的实际道路情况合理选择，若场地大可以选择拖板运输车，若场地小可以采用拖拉机拖盘车。在塔式起重机难以覆盖的情况下，可以采用随车起重机转运墙板，见图5-34。

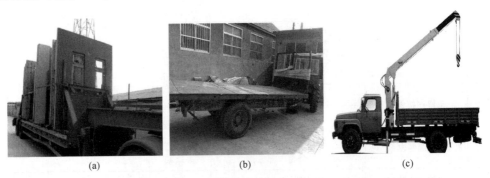

图 5-34　预制构件场内转运机械

（a）拖板运输车；（b）拖拉机拖盘车；（c）随车起重机

2. 垂直吊装机械准备

装配式混凝土工程中选用的起重机械，根据设置形态可以分为固定式和移动式，施工时要根据施工场地和建筑物形状进行灵活选择。

起重机械选择的关键在于将作业半径控制在最小，根据预制混凝土构件的运输路径和起重机施工空间的有无等要素，决定采用移动式起重机还是采用固定式起重机。另外，选择要素时还要考虑主体工程时间，综合判断起重机的租赁费用、组装与拆卸费用以及拆换费用。

常用起重机类型有汽车式起重机、履带式起重机、塔式起重机。

（1）汽车式起重机

汽车起重机是以汽车为底盘的动臂起重机，主要优点是机动灵活。在装配式工程中，主要是用于低层外墙吊装、现场构件二次倒运、塔式起重机的安装与拆卸等，见图5-35。

（2）履带式起重机

履带式起重机也是一种动臂起重机，机动性不如汽车起重机，其动臂可以加长、起重量大，并在起重力矩允许的情况下可以吊重行走。在装配式结构建筑工程中，主要针对大型公共建筑的大型预制构件的装卸和吊装、大型塔式起重机的安装与拆卸、塔式起重机难以覆盖的吊装死角的吊装等，见图5-36。

图5-35　汽车式起重机

图5-36　履带式起重机

（3）塔式起重机

目前，用于建筑工程的塔式起重机按架设方式分为固定式、附着式、内爬式，见图5-37。

对于装配式建筑，当采用附着式塔式起重机时，必须提前考虑附着锚固点的位置。附着锚固点应该选择在剪力墙边缘构件后浇混凝土部位，并考虑加强措施。

内爬式塔式起重机是一种安装在建筑物内部电梯井或楼梯间里的塔机，可以随施工进程逐步向上爬升。内爬式塔式起重机位于建筑物内部，不占用施工场地，适合于现场狭窄的工程。由于无须专门制作钢筋混凝土基础，施工准备简单，节省费用。

由于目前装配式建筑结构普遍使用的附着式塔式起重机拆除后，还需要对其附着加固部分做加强及修补处理。因此，在装配式建筑工程中推广使用内爬式塔式起重机的意义更加突出。

(a)   (b)   (c)

图 5-37　塔式起重机

（a）固定式塔式起重机；（b）附着式塔式起重机；（c）内爬式塔式起重机

塔式起重机选择时应考虑问题：

① 塔式起重机选型。塔式起重机的型号取决于装配式建筑的工程规模，如小型多层装配式建筑工程，可选择小型的经济型塔式起重机；高层建筑的塔式起重机选择，宜选择与之相匹配的塔式起重机。对于装配式结构，首先要满足起重高度的要求，塔式起重机的起重高度应该等于建筑物高度＋安全吊装高度＋预制构件最大高度＋索具高度。

② 塔式起重机覆盖面的要求。塔式起重机的型号决定了塔式起重机的臂长幅度，布置塔式起重机时，塔臂应覆盖堆场构件，避免出现覆盖盲区，减少预制构件的二次搬运。对含有主楼、裙房的高层建筑，塔臂应全面覆盖主体结构部分和堆场构件存放位置，裙楼力求塔臂全部覆盖。当出现难以解决的楼边覆盖时，可考虑采用临时租用汽车式起重机解决裙房边角垂直运输问题，不能盲目加大塔机型号，应认真进行技术经济比较分析后确定方案。

③ 最大起重能力的要求。在塔式起重机的选型中应结合塔式起重机的尺寸及起重量荷载的特点，重点考虑工程施工过程中最重的预制构件对塔式起重机吊运能力的要求，应根据其存放的位置、吊运的部位、与塔中心的距离，确定该塔式起重机是否具备相应的起重能力。

起重量×工作幅度＝起重力矩。确定塔式起重机方案时应留有余地，一般实际起重力矩在额定起重力矩的 75% 以下。

④ 塔式起重机的定位。塔式起重机与外脚手架的距离应该大于 0.6m；塔式起重机和架空电线的最小安全距离应该满足规定要求；当群塔施工时，两台塔式起重机的水平吊臂间的安全距离应大于 2m，一台塔式起重机的水平吊臂和另一台塔式起重机的塔身的安全距离也应大于 2m。

5.2.5　辅助设备的准备

1. 吊具

应按现行国家相关标准的有关规定进行吊具设计验算或试验检验，经验证合格后方可使用。应根据预制构件的形状、尺寸及重量要求选择吊具。在吊装过程中，吊索水平夹角不宜小于60°，不应小于45°。尺寸较大或形状复杂的预制构件，为了防止因起吊受力不均而对构件造成破坏，应选择梁式吊具或平面式吊具（图5-38），并应保证吊车主钩位置、吊具及构件重心在竖直方向重合。

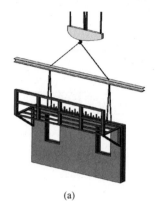

图5-38　吊具
（a）梁式吊具；（b）平面式吊具

预制混凝土构件吊点应提前设计，根据预留吊点选择相应的吊具。在起吊构件时，为了使构件稳定，不出现摇摆、倾斜、转动、翻倒等现象，应选择合适的吊具。

吊具的选择必须保证被吊构件不变形、不损坏，起吊后不转动、不倾斜、不翻倒。

吊具的选择应根据被吊构件的结构、形状、体积、重量、预留吊点以及吊装的要求，结合现场作业条件，确定合适的吊具。吊具选择必须保证吊索受力均匀。各承载吊索间的夹角一般不应大于60°，其合力作用点与被吊构件的重心必须保证在同一条铅垂线上，保证吊运过程中吊钩与被吊构件的重心在同一条铅垂线上。在说明中提供吊装图的构件，应按吊装图进行吊装。在异形构件装配时，可采用辅助吊点配合简易吊具调节物体所需位置的吊装法。

当构件无设计吊钩（点）时，应通过计算确定绑扎点的位置。绑扎的方法应保证可靠和摘钩简便安全。

2. 吊索

通常吊索是由钢丝绳或铁链制成的。因此，钢丝绳或铁链的允许拉力即为吊索的允许拉力，在使用时，其拉力不应超过其允许拉力。

（1）吊装荷载

运输和吊运过程的荷载为构件重量乘1.5的系数，翻转和安装就位的荷载取重量乘1.2的系数。

（2）绳索抗拉强度验算

1）单根钢丝绳拉力计算：

$$F_S = W/n\cos\alpha$$

式中　F_S——绳索拉力；

　　　W——构件重量；

　　　n——绳索根数；

　　　a——绳索与水平线夹角。

2）绳索抗拉强度验算

$$F_s \leqslant F/S$$

式中　F——材料拉断时所承受的最大拉力，见表5-3；

　　　S——安全系数，取3.0。

常用钢丝绳抗拉强度和拉力数据　　　　　　　　　　表5-3

直径		钢丝绳的抗拉强度（MPa）				
钢丝绳 （mm）	钢丝 （mm）	1400	1550	1700	1850	2000
		钢丝破断拉力总和（kN）				
6.2	0.4	20.00	22.10	24.30	26.40	28.60
7.7	0.5	31.30	34.60	38.00	41.30	44.70
9.3	0.6	45.10	49.60	54.70	59.60	64.40
11.0	0.7	61.30	67.90	74.50	81.10	87.70
12.5	0.8	80.10	88.70	97.30	105.50	114.50
14.0	0.9	101.00	112.00	123.00	134.00	114.50
15.5	1.0	125.00	138.50	152.00	165.50	178.50
17.0	1.1	151.50	167.50	184.00	200.00	216.50
18.5	1.2	180.00	199.50	219.00	238.00	257.50
20.0	1.3	211.50	234.00	257.00	279.50	302.00
21.5	1.4	245.50	271.50	298.00	324.00	350.50
23.0	1.5	281.50	312.00	342.00	372.00	402.50
24.5	1.6	320.50	355.00	389.00	423.50	458.00
26.0	1.7	362.00	400.50	439.50	478.00	517.00
28.0	1.8	405.50	499.00	492.50	536.00	579.50
31.0	2.0	501.00	554.50	608.50	662.00	715.50
34.0	2.2	606.00	671.00	736.00	801.00	—
37.0	2.4	721.50	798.50	876.00	953.50	—
40.0	2.6	846.50	937.50	1025.00	1115.00	—

3. 新型接驳器

随着预制构件的制作和安装技术的发展，出现了多种新型的专门用于连接新型吊点的接驳器，包括各种用于圆头吊钉、套筒吊钉、平板吊钉的接驳器。它们具有接驳快递、使用安全等特点，见图5-39。

4. 灌浆设备与用具

灌浆设备主要有用于搅拌注浆料的手持式电钻搅拌机（图5-40），用于计量水和注浆料的电子秤和量杯，用于向墙体注浆的注浆器（电动灌浆泵见图5-41，手动灌浆枪见图5-42），用于湿润接触面的水枪。

灌浆用具主要有用于盛水、试验流动度的量杯，用于流动度试验用的坍落度筒和平板，用于盛水、注浆料的大小水桶，用于把木头塞打进注浆孔封堵的铁锤，以及小铁锹、剪刀、扫帚等。

图 5-39 新型接驳器

图 5-40 手持式电钻搅拌机

图 5-41 电动灌浆泵

图 5-42 手动灌浆枪

5.3 装配式混凝土结构竖向构件安装

5.3.1 预制混凝土剪力墙安装

1. 施工工艺流程

以预制夹芯保温外墙板为例，其安装施工工艺流程如图5-43所示。

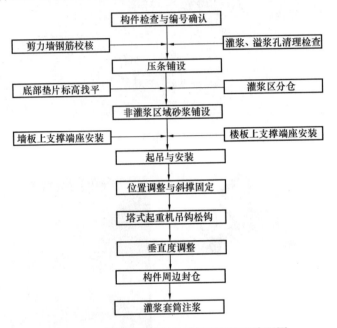

图 5-43 预制夹心保温外墙板安装施工流程图

2. 施工要求与施工要点

（1）构件检查和编号确认

入场的预制构件的尺寸偏差应符合相应的规定。检查数量：按同一生产企业、同一品种的构件，不超过100个为1批，每批抽查构件数量的5%，且不小于3件。

（2）剪力墙钢筋校核

定位钢筋应该严格按设计要求进行加工，同时，为了保证预制墙体吊装时能更快插入连接套筒中，所有定位钢筋插入段必须采用砂轮切割机切割，严禁使用钢筋切断机切断。切割后应保证插入端无切割毛刺。钢筋定位如图5-44所示。

图 5-44 钢筋定位

预埋钢筋定位的准确性，将直接影响预制墙板吊装的结构安全和施工速度。所以在吊装前，定位钢筋位置的准确性应认真地复查校核。预留插筋的位置偏移量不得大于±9mm。如有偏差，需按 1∶6 要求先进行冷弯校正，应比两片墙板中间净空尺寸小 20mm。

（3）灌浆、溢浆孔清理检查

灌浆套筒设有灌浆孔和溢浆孔，灌浆孔是用于加注灌浆料的入料口。溢浆孔是用于加注灌浆料时通气并将注满后的多余灌浆料溢出的排料口。为了保证灌浆质量，灌浆前必须对灌浆、溢浆孔进行清理检查，如图 5-45 所示。

（4）定位放线

安装施工前，应在预制构件和已完成的结构上墙板安装位置进行测量放线（图 5-46），设置安装定位标志。对于装配式剪力墙结构测量、定位主要包括以下内容：

图 5-45　灌浆、溢浆孔的清理检查　　　　　　　图 5-46　定位放线

① 每层楼面轴线垂直控制点不应少于 4 个，楼层上的控制轴线应使用经纬仪由底层原始点直接向上引测，每个楼层应设置 1 个高程控制点；

② 预制构件控制线应由轴线引出，每块预制构件应有纵、横控制线各 2 条；

③ 预制外墙板安装前应在墙板内侧弹出竖向与水平线，安装时应与楼层上该墙板控制线相对应。

装配式剪力墙结构定位放线，如图 5-47、图 5-48 所示。

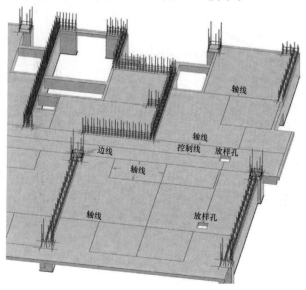

图 5-47　楼面上墙板安装位置放线

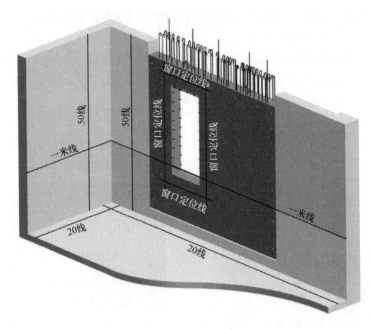

图 5-48　墙板内侧定位线

（5）复测标高、抄平

墙板安装底部标高应复核并进行调整。可采用专用垫块调整预制墙板的标高，垫块最薄厚度为1mm。在每一块墙板两端底部放置专用垫块，并用水准仪测量，使其在同一水平标高上。

（6）压条铺设

预制墙板水平缝隙可采用坐浆方式处理。目前预制夹心保温外墙板安装时多采用的方法是沿预制外墙板保温层上部铺设聚苯压条做封边处理，如图 5-49 所示。

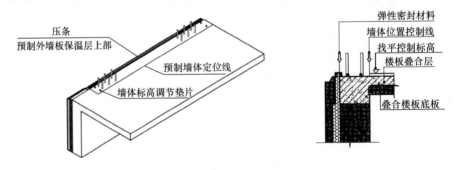

图 5-49　铺设聚苯压条

（7）楼板上支撑端座安装

墙板吊装前应先将楼板上支撑端座安装完毕。通常安装方法为叠合板中预埋螺母，如图 5-50 所示。

（8）构件起吊与安装

预制构件吊装工艺流程如图 5-51 所示。

构件吊装前，应检查构件相应编号，预留预埋位置及部位是否准确，灌浆孔、插接钢

图 5-50　楼板上支撑端座安装

筋等重要部位是否符合安装要求。检查吊装梁的吊点位置的中心线是否与构件重心线重合。检查钢丝绳、吊装锁具、构件预埋吊环是否符合安全要求。临时性的安装材料是否准确到位。

试起吊，构件起吊距地面约 50cm 后，稍停顿，检查构件起吊后的重心与塔式起重机主绳在垂直方向是否重合，确认无滑钩、脱落情况，确认起吊安全后再继续起吊。

构件吊装至操作面上空 4m 左右位置时，利用引导绳初步控制构件走向至操作工人可触摸的构件高度。构件继续下落到距操作面 50cm 左右位置时，利用反光镜观察钢筋与套筒位置后缓慢下落，直至构件完全落下。

构件入位后，初步校核构件与安装位置线偏差，设置临时性支撑、拉结措施，确保构件稳定安全后摘除吊钩，完成吊装。

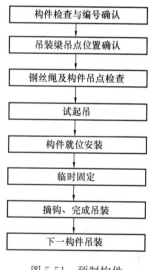

图 5-51　预制构件
吊装工艺流程

构件吊装一般规定为：

① 构件吊装前，施工单位应编制预制构件吊装专项施工方案；

② 应根据预制构件形状、尺寸、重量和作业半径等要求选择吊具和起重设备；

③ 预制构件吊运应经过施工验算，构件吊运时动力系数宜取 1.5，构件翻转及安装过程中就位、临时固定时动力系数可取 1.2；

④ 吊装用钢丝绳与专用卸扣的安全系数不应小于 6，起吊重大构件时，除应采取妥善保护措施外，吊索的安全系数应取 10；

⑤ 应按照制定好的吊装安装顺序，按起重设备吊设范围由远及近进行吊装，吊装时采取保证起重设备的主钩位置、吊具及构件重心在竖直方向上重合的措施；吊运过程应平稳，不应有大幅度摆动，且不应长时间悬停；

⑥ 应设专人指挥，操作人员应位于安全位置；

⑦ 构件吊装前，应核实现场环境、天气、道路状况满足吊装施工要求，应确认吊装设备及吊具处于安全操作状态；

⑧ 当遇有 5 级大风或恶劣天气时，应停止一切吊装施工作业。

带门洞预制墙板吊装和安装过程中应对门洞处采取临时加固措施，如图 5-52 所示。

带有飘窗的外墙板等偏心构件，宜采用多点吊装，应制定钢丝绳受力均衡的措施，保持构件底部处于水平状态，预制飘窗吊装示意如图 5-53 所示。墙板类构件吊装的吊索与构件的水平夹角不宜小于 60°，主钢丝绳与吊装梁水平夹角不宜小于 60°。吊装时注意保护成品，以免墙体边角被撞。

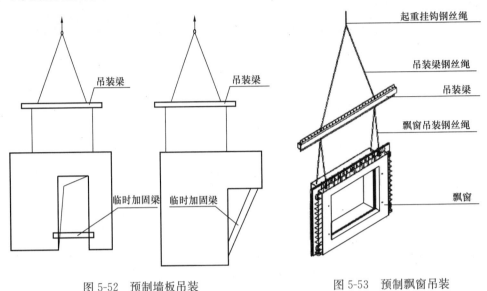

图 5-52　预制墙板吊装　　　　　　　　图 5-53　预制飘窗吊装

（9）位置调整与斜撑固定

构件入位后，利用靠尺对预制墙体进行校核（图 5-54）。临时斜支撑用于预制墙体临时固定。临时斜支撑有长杆和短杆两种。长杆是通过把手的旋转来调整墙体的垂直度，短杆通过把手的旋转来调整墙身的位置。

图 5-54　预制墙体垂直度检查

预制墙板构件安装临时斜支撑时，应符合下列规定：

1）每个预制构件的临时支撑不宜少于 2 道（图 5-55）；

2）墙板的上部斜支撑，其支撑点距离底部的距离不宜小于高度的 2/3，且不应小于高度的 1/2；

3）构件安装就位后，可通过临时支撑对构件的位置和垂直度进行微调。

4）临时支撑必须在完成套筒灌浆施工及叠合板后浇混凝土施工完毕后，并经检查确认无误后，方可拆除。

预制墙板临时斜支撑安装如图 5-56 所示。

（10）灌浆区分仓、封仓

预制墙板吊装就位调校完成后，进行坐浆分仓、封仓等工序施工。

必须按照《钢筋套筒灌浆连接技术规程》DB11/T 1470—2017 的规定分仓。当采用连通腔灌浆方式时，每个连通灌浆区域（仓室）长度不宜超过 1500mm。有套筒群部位则整个套筒可独立作为一个灌浆仓。灌浆施工前对每块预制墙板分仓进行编号。灌浆区分仓及分仓编号如图 5-57所示。

分仓施工时，严格按照施工方案，确定的分仓位置进行。首先将专用工具塞入预制墙板下方 20mm 缝隙中，将坐浆砂浆放置于托板上，用另一专用工具塞填砂浆，分仓砂浆带宽度为 30～50mm。分仓施工见图 5-58。

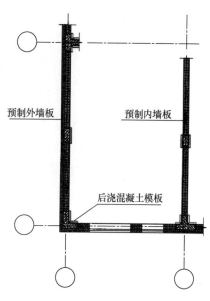

图 5-55　预制墙板临时斜支撑平面布置

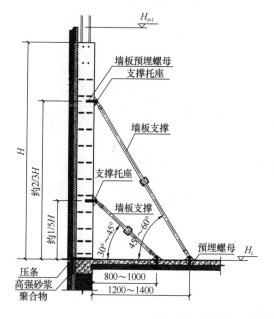

图 5-56　预制墙板临时斜支撑

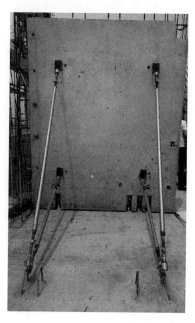

分仓完成后进行封仓施工。首先将封仓专用工具深入 20mm 缝隙中，作为抹封仓砂浆的挡板，专用工具深入墙体 5～10mm，保证套筒插筋的保护层厚度满足规范要求。然后用搅拌好的坐浆砂浆进行封仓施工。封仓施工如图 5-59 所示。

（11）灌浆套筒注浆

灌浆施工工艺流程如图 5-60 所示。

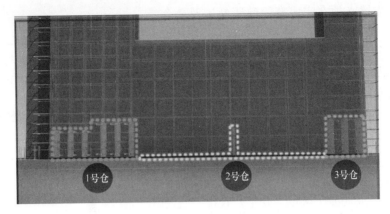

图 5-57　灌浆区分仓及分仓编号

图 5-58　分仓施工

图 5-59　封仓施工

灌浆孔应在灌浆前清理，防止因为污浊影响灌浆后的粘结强度，并且较大的颗粒物会阻碍灌浆进行。四周封堵时，可采用砂浆密封避免漏浆。遇有漏浆必须立即处理，每个注浆孔内必须充满连续灌浆料拌合物，不能有气泡。钢筋连接用套筒灌浆料是以水泥为基本材料并配以细骨料、外加剂及其他材料混合而成的用于钢筋套筒灌浆连接的干混料，简称灌浆料。灌浆料按规定比例加水搅拌后，具有规定流动性、早强、高强及硬化后微膨胀等性能的浆体为灌浆料拌合物。灌浆料的流动性检查是为了检查灌浆料的流动度是否符合有关要求，保证灌浆料硬化后的各项力学性能满足要求。灌浆料由底部注入，由顶部流出至圆柱状，方可以胶塞塞住。如果灌浆孔无法出浆，应立即停止灌浆作业，排除障碍方可继续灌浆。灌浆完成后必须将工作面和施工机具清洁干净。

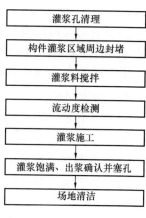

图 5-60　灌浆施工工艺流程

灌浆施工要点：

1）套筒灌浆连接施工应编制专项施工方案；

2）灌浆施工的操作人员应经专业培训后上岗；

3）套筒灌浆连接应采用由接头型式检验确定的相匹配的灌浆套筒、灌浆料；

4）施工现场灌浆料宜存储在室内，并应采取防雨、防潮、防晒措施；

5）钢筋套筒灌浆前，应有钢筋套筒型式检验报告及工艺检验报告，应在现场模拟构件连接接头的灌浆方式，每种规格钢筋应制作不少于3个套筒灌浆连接接头，进行灌注质量以及接头抗拉强度的检验及工艺检验；当工艺检验与检验报告有较大差异时，应再次进行工艺检验，经检验合格后，方可进行灌浆作业；

6）预留连接钢筋位置和长度应满足设计要求；

7）每块预制墙板套筒连接灌浆时，为保证灌浆饱满及灌浆操作的可行性，应合理划分连通灌浆区域；每个区域除预留灌浆孔、出浆孔与排气孔，应形成密闭空腔，不应漏浆；

8）为满足墙体安装时支撑强度的要求，采用钢垫片支撑墙体，应严格控制钢垫片高度及平整度，以保证墙板安装标高准确；

9）对于首次施工，宜选择有代表性的单元或部位进行试制作、试安装、试灌浆；

10）施工管理人员应做好全程施工质量检查记录，保证全过程可追溯；

11）预制构件就位前，应检查下列内容：

① 套筒、预留孔的规格、位置、数量和深度；

② 被连接钢筋的规格、数量、位置和长度；当套筒、预留孔内有杂物时，应清理干净；当连接钢筋倾斜时，应进行校直。连接钢筋偏离套筒或孔洞中心线不宜超过2mm；

③ 钢筋套筒灌浆连接接头应按检验批划分要求及时灌浆。

12）灌浆施工作业应按灌浆施工方案进行并应符合下列规定：

① 灌浆操作全过程应有专职检验人员负责现场监督并及时形成施工检查记录；

② 灌浆施工时，环境温度应符合灌浆料产品使用说明书要求；环境温度低于5℃时不宜施工，低于0℃时不得施工，当环境温度高于30℃时，应采取降低灌浆料拌合物温度的

措施；

③ 拌合灌浆料的用水应符合现行行业标准《混凝土用水标准》JGJ 63 的有关规定；加水量应按灌浆料使用说明书的要求确定，并应按重量计量；

④ 灌浆料拌合物应采用电动设备搅拌充分、均匀，并宜静置 2min 后使用；搅拌完成后，不得再次加水；

⑤ 每工作班应检查灌浆料拌合物初始流动度不少于 1 次，灌浆料技术性能应符合规范要求；

⑥ 灌浆料拌合物应在制备后 30min 内用完；

⑦ 散落的灌浆料拌合物不得二次使用；剩余的拌合物不得再次添加灌浆料、水后混合使用；

⑧ 灌浆作业应从灌浆套筒下灌浆孔注入灌浆料拌合物，当灌浆料拌合物从构件其他灌浆孔、出浆孔流出后应及时封堵；

⑨ 灌浆施工宜采用一点灌浆的方式；当一点灌浆遇到问题而需要改变灌浆点时，各灌浆套筒已封堵灌浆孔、出浆孔的，应重新打开，待灌浆料拌合物再次流出后进行封堵。

13）当灌浆施工出现无法出浆的情况时，应查明原因，采取的施工措施应符合下列规定：

① 对于未密实饱满的竖向连接灌浆套筒，当在灌浆料加水拌合 30min 内时，应首选在灌浆孔补灌；当灌浆料拌合物已无法流动时，可从出浆孔补灌，并应采用手动设备结合细管压力灌浆；

② 补灌应在灌浆料拌合物达到设计规定的位置后停止，并应在灌浆料凝固后再次检查其位置符合设计要求；

③ 灌浆料同条件养护试件抗压强度达到 35N/mm² 后，方可进行对接头有扰动的后续施工；临时固定措施的拆除应在灌浆料抗压强度能确保结构达到后续施工承载要求后进行。

灌浆施工全过程图解如图 5-61 所示。

①检查清洁　　　②材料计量　　　③浆料搅拌　　　④流动度检验

⑤封模灌浆　　　⑥出浆确认、封堵　　　⑦拍照记录　　　⑧过程记录

图 5-61　灌浆施工全过程图解

3. 后浇混凝土施工

装配式混凝土结构竖向构件安装完成后应及时进行边缘构件后浇混凝土带的钢筋安装和模板施工，并完成后浇混凝土施工。后浇混凝土施工工艺流程如图 5-62 所示。

码 5-3 装配整体式混凝土结构钢筋套筒灌浆连接

(1) 后浇节点钢筋绑扎

竖向钢筋连接宜根据接头受力、施工工艺、施工部位等要求选用机械连接、焊接连接、绑扎连接等，并应符合国家现行有关标准的规定。接头位置应设置在受力较小处。

钢筋连接工艺流程为：套暗柱箍筋→连接竖向受力筋→在对角主筋上画箍筋间距线→绑扎钢筋。

装配式剪力墙结构暗柱节点主要有一字形、L 形和 T 形几种形式。钢筋连接如图 5-63～图 5-69 所示。

由于两侧的预制墙板均有外伸钢筋，因此暗柱钢筋的安装难度较大。需要在深化设计阶段及构件生产阶段进行暗柱节点钢筋穿插顺序分析研究，发现无法实施的节点，及早与设计单位进行沟通，避免现场施工时出现箍筋安装困难或临时切割的现象。后浇节点钢筋绑扎时，可采用人字梯作业，当绑扎部位高于围挡时，施工人员应佩戴穿心自锁保险带并做可靠连接。在预制板上用粉笔标定暗柱箍筋的位置，预先把箍筋交叉放置（L 形的将两方向箍筋依次置于两侧外伸钢筋上），先对预留竖向连接钢筋位置进行校正，然后再连接上部竖向钢筋。

施工准备
测量、放线
安装就位、临时固定
墙体及节点区钢筋绑扎
预埋件留设
后浇节点区定型模板安装
定型模板加固
模板检查校验
混凝土浇筑

图 5-62 后浇混凝土施工工艺流程

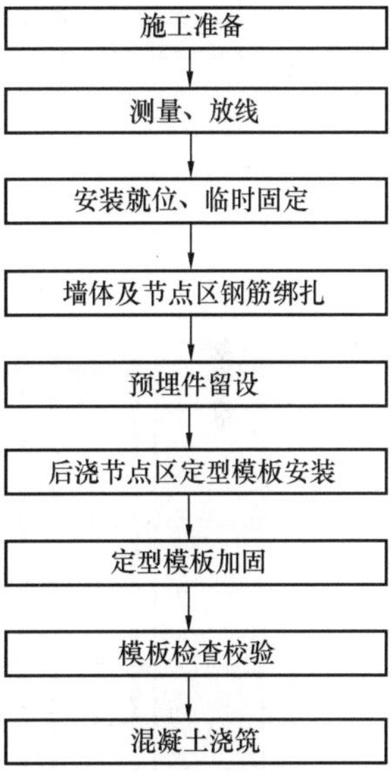

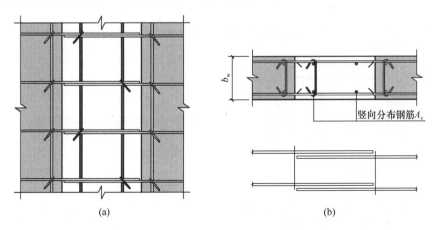

(2) 后浇混凝土支模

预制墙板间后浇混凝土的节点模板应在钢筋绑扎完成后

b_w
竖向分布钢筋A_s
(a)
(b)

图 5-63 后浇暗柱形式示意一（一字形）

(a) 立面图；(b) 预留直线钢筋搭接

进行安装。模板安装应保证混凝土结构构件各部分形状、尺寸和相对位置准确，并应防止漏浆。模板与混凝土接触面应清理干净并涂刷隔离剂，隔离剂不得污染钢筋和混凝土接槎

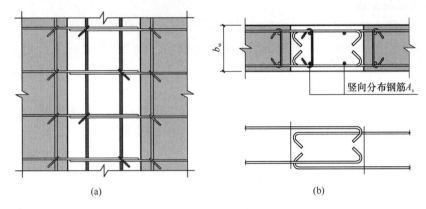

(a)   (b)

图 5-64 后浇暗柱形式示意二（一字形）

（a）立面图；（b）预留弯钩钢筋搭接

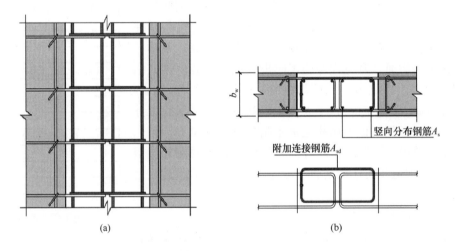

(a)   (b)

图 5-65 后浇暗柱形式示意三（一字形）

（a）立面图；（b）附加封闭连接钢筋与预留 U 形钢筋连接

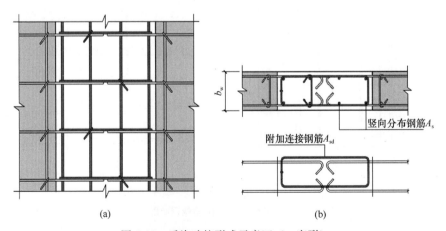

(a)   (b)

图 5-66 后浇暗柱形式示意四（一字形）

（a）立面图；（b）附加封闭连接钢筋与预留弯钩钢筋连接

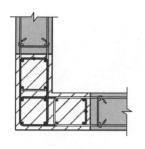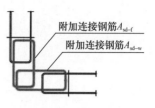

图 5-67　构造边缘转角墙示意一

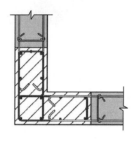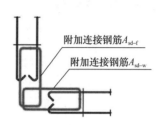

图 5-68　构造边缘转角墙示意二

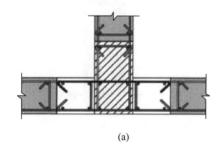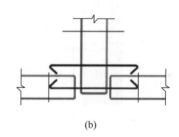

(a)　　　　　　　　　　　　　(b)

图 5-69　后浇暗柱形式示意（T 形）

（a）平面图；（b）附加钢筋示意

处。固定在模板上的预埋件、预留孔和预留洞，均不得遗漏，且应安装牢固、位置准确。

模板宜选用轻质、高强、耐用定型模板。模板的连接、拉结间距及规格、数量应根据模板的刚度设计，建议采用铝合金（复合）模板（图 5-70）、定型钢木组合模板、轻量化模板等，以减少塔式起重机周转使用频率。由于铝合金（复合）模板重量轻、强度高、拆装简单、成型效果规整、与预制构件尺寸精确结合，可以做到整个结构的免抹灰等优点，因此在工程中应用广泛。

安装模板前将墙体内杂物清扫干净，在大模板下口抹砂浆找平层，解决地面不平造成墙体混凝土浇筑时漏浆的问题。安装模板时利用顶模筋（俗称限位筋，其长度和墙厚一样）进行定位。后浇暗柱模板按支设方式可分为：预制墙板上预留对拉螺栓孔进行固定和预制墙板上预留内置螺母进行固定。为避免预制构件与后浇节点交接处出现胀模、错台等现象，在预制墙板边留置企口，模板边与企口连接，拆模后粉刷石膏找平即可。以下列举几种典型节点的模板支设方式。

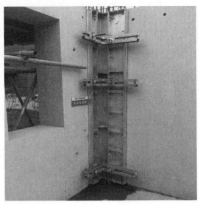

图 5-70　铝合金模板

1）两块预制外墙板之间一字形后浇带节点做法：外侧利用预制墙板外叶板作为外模板（接缝处采用聚乙烯棒＋密封胶），内侧模板与墙板内埋螺母固定。如图 5-71（a）所示；也可在预制墙板上留设洞，设置对拉螺栓杆固定模板，如图 5-71（b）所示。

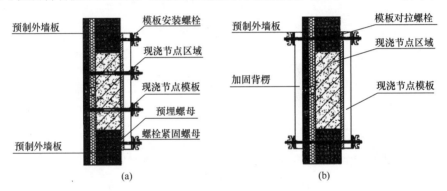

（a）　　　　　　　　　　　　（b）

图 5-71　一字形现浇节点模板

2）两块预制外墙板之间 T 形后浇带节点做法采用内侧单侧支模，外侧为预制墙板外叶板兼作模板，接缝处采用聚乙烯棒＋密封胶。支设方法如图 5-72 所示。

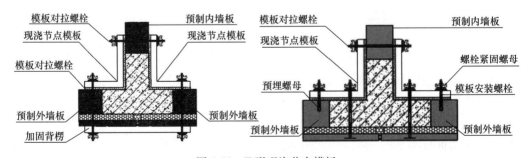

图 5-72　T 形现浇节点模板

3）当后浇节点位于墙体转角部位时，由于采用普通模板与装饰面相平进行混凝土浇筑，会出现后浇节点与两侧装饰面有高差及接缝处理等难点，因此目前通常采用预制装饰保温一体化模板（PCF 板），确保外墙装饰效果的统一。转角部位 L 形现浇模板支设如

图 5-73所示。PCF 板加固及模板加固如图 5-74 所示。

后浇混凝土模板安装如图 5-75 所示。

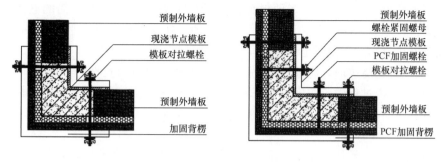

图 5-73　L 形现浇节点模板

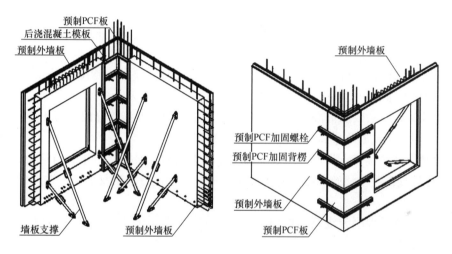

图 5-74　PCF 板加固及模板加固

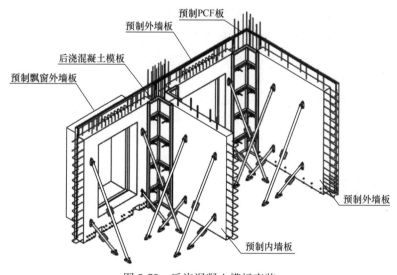

图 5-75　后浇混凝土模板安装

（3）后浇节点墙体混凝土浇筑及养护

1）对于装配式混凝土结构的墙板间边缘构件竖缝后浇混凝土带的浇筑，应该与水平构件的混凝土叠合层以及按设计非预制而必须现浇的结构（如作为核心筒的电梯井、楼梯间）同步进行，一般选择一个单元作为一个施工段，按先竖向、后水平的顺序浇筑施工。这样的施工安排就用后浇混凝土就将竖向和水平预制构件结构组成了一个整体。

2）后浇混凝土浇筑前，应进行所有隐蔽项目的现场检查与验收。

3）浇筑混凝土过程中应按规定见证取样留置混凝土试件。同一配合比的混凝土，每个工作日且建筑面积不超过 1000mm² 应制作一组标准养护试件，同一楼层应制作不少于 3 组标准养护试件。

4）混凝土应采用预拌混凝土，预拌混凝土应符合现行相关标准的规定；装配式混凝土结构施工中的结合部位或接缝处混凝土的工作性应符合设计的规定；当采用自密实混凝土时，应符合现行相关标准的规定。

5）预制构件连接节点和连接接缝部位后浇混凝土施工应符合下列规定：

① 浇筑前，应清洁结合部位，并洒水润湿；

② 连接接缝混凝土应连续浇筑，竖向连接接缝可逐层浇筑，混凝土分层浇筑高度应符合现行规范要求；

③ 浇筑时，应采取保证混凝土浇筑密实的措施，同一连接接缝的混凝土应连续浇筑，并应在底层混凝土初凝之前将上一层混凝土浇筑完毕；

④ 预制构件连接节点和连接接缝部位的混凝土应加密振捣点，并适当延长振捣时间，预制构件连接处混凝土浇筑和振捣时，应对模板和支架进行观察及维护，发生异常情况应及时处理；

⑤ 构件接缝处混凝土浇筑和振捣时，应采取措施防止模板、相连接构件、钢筋、预埋件及其定位件移位。

6）混凝土浇筑完毕后，应按施工技术方案要求及时采取有效的养护措施，并应符合下列规定：

① 应在浇筑完毕后的 12h 以内对混凝土加以覆盖并养护；

② 浇水次数应能保持混凝土处于湿润状态；

图 5-76　预制外墙板间构造缝施工工艺

③ 采用塑料薄膜覆盖养护的混凝土，其敞露的全部表面应覆盖严密，并应保持塑料薄膜内有凝结水；

④ 后浇混凝土的养护时间不应少于 14d。

7）预制墙板斜支撑和限位装置，应在连接节点和连接接缝部位后浇混凝土或灌浆料强度达到设计要求后拆除；当设计无具体要求时，后浇混凝土或灌浆料应达到设计强度的 75％以上方可拆除。

8）混凝土冬期施工应按现行标准《混凝土结构工程施工规范》GB 50666、《建筑工程冬期施工规程》JGJ/T 104 的相关规定执行。

4. 预制外墙间构造缝处理

预制外墙板间构造缝施工工艺如图 5-76 所示。

预制外墙板拼缝防水材料必须符合设计要求，具有产品合格证及检测报告，并进行进场复试。拼缝处密封材料嵌填应饱满、密实、连续、均匀、无气泡，宽度和深度符合要求，胶缝应横平竖直、深浅一致、宽窄均匀、光滑顺直。预制外墙水平缝防水构造如图 5-77 所示，预制外墙垂直缝防水构造如图 5-78 所示。

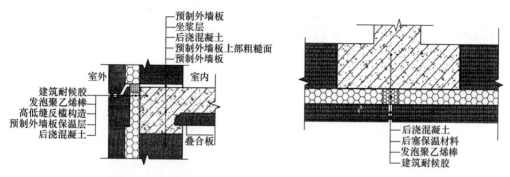

图 5-77　预制外墙水平缝防水构造　　　　图 5-78　预制外墙垂直缝防水构造

5.3.2　预制混凝土框架柱安装

码 5-4　装配式剪力墙全过程施工工艺模拟演示

1. 施工工艺流程

预制混凝土框架柱安装工艺流程如图 5-79 所示。

2. 施工要求与施工要点

（1）吊装前准备

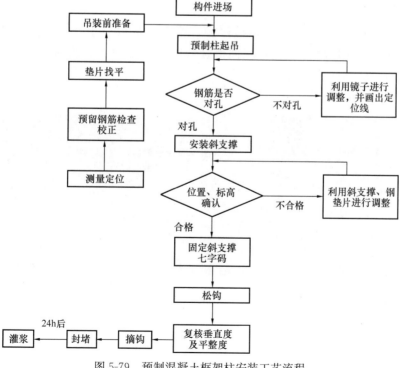

图 5-79　预制混凝土框架柱安装工艺流程

柱吊装就位之前要将混凝土表面和钢筋表面清理干净，不得有混凝土残渣、油污、灰尘等，以防止构件灌浆后产生隔离层影响结构性能。放线要求同前文。

（2）起吊

起吊柱采用专用吊具，用卸扣、螺旋吊点将吊具、钢丝绳、相应重量的手拉葫芦与柱上端的预埋吊点连接紧固。起吊过程中，柱不得与其他构件发生碰撞。

预制柱起立之前在预制柱起立着地点下垫两层橡胶地垫，用来防止构件起立时造成破损，如图5-80所示。

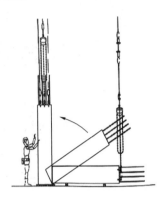

图 5-80　框架柱起吊

（3）吊装

缓缓将柱吊起，待柱的底边升至距地面300mm时略做停顿，利用手拉葫芦将构件调平，再次检查吊挂是否牢固，若有问题必须立即处理。确认无误后，继续提升使之慢慢靠近安装作业面。

在距作业层上方600mm左右略做停顿，施工人员可以手扶柱子，控制柱下落方向，待到距预埋钢筋顶部2cm处，柱两侧挂线坠对准地面上的控制线，预制柱底部套筒位置与地面预埋钢筋位置对准后，将柱缓缓下降，使之平稳就位。柱吊装如图5-81所示。

图 5-81　框架柱吊装

（4）位置确认

安装时由专人负责柱下口定位、对线，并用水平尺调整垂直度。安装第一层柱时，应特别注意质量，使之成为以上各层的基准，如图5-82所示。

150

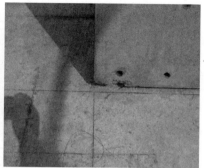

图 5-82　框架柱位置调整

（5）临时支撑

采用可调节斜支撑将柱进行临时固定，每个预制柱在两个方向设置临时支撑，其支撑点距离柱底的距离不宜大于柱高的 2/3，且不应小于柱高的 1/2。预制柱安装临时固定如图 5-83 所示。

图 5-83　预制柱安装临时固定

柱安装精调采用支撑上的可调螺杆进行调节，校正垂直方向、水平方向、标高，达到规范规定及设计要求。

（6）密封、灌浆

预制柱密封、灌浆要求及其施工要点同前。预制柱密封、灌浆如图 5-84 所示。

图 5-84　预制柱密封、灌浆

5.4 装配式混凝土结构水平构件安装

5.4.1 预制混凝土叠合楼板安装

1. 施工工艺流程

预制混凝土叠合楼板施工工艺流程如图 5-85 所示。

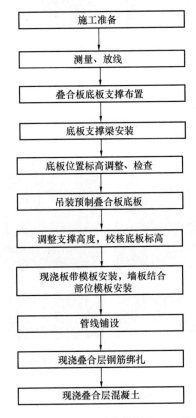

图 5-85 预制混凝土叠合楼板施工工艺流程

2. 施工要求与施工要点

（1）施工准备

清理施工层地面，检查预留洞口部位的覆盖防护，检查支撑材料规格、辅助材料；检查叠合板构件编号及质量。预制混凝土叠合楼板编号规则如下：

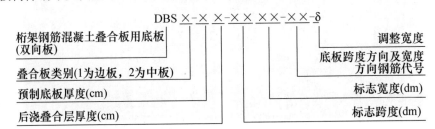

如图 5-86 所示，编号 DBS1-66-2718-11 预制混凝土叠合楼板表示：双向受力叠合板，拼装位置为边板，预制底板厚度为 60mm，后浇叠合层厚度为 60mm，跨度为 2700mm，宽度为 1800mm，底板双向配筋为三级钢筋，直径 8mm 间距 200mm。

（2）定位放线

预制墙体安装完成后，由测量人员根据叠合楼板宽放出独立支撑定位线，标记叠合板底板支撑的位置。根据叠合板分布图及轴网，利用经纬仪在墙体上放出板缝位置定位线，标记叠合板水平位置线，板缝定位线允许误差±10mm。同时还应标记施工层叠合楼板板底标高。

（3）安装支撑

为了更方便快捷地安装构件，控制安装进度，需要提前在叠合楼板底板安装位置架设支撑。支撑系统可选用碗扣式、扣件式、承插式脚手架体系，宜采用独立钢支撑、门式脚手架等工具式脚手架。

支撑方案须满足承载力、刚度及稳定性设计要求，支撑布置须满足构件在施工荷载不利效应组合状态下的承载力、挠度要求。支撑严格根据施工设计要求及施工方案设置。一般情况下，支撑立杆间距不大于 1500mm×1500mm，第一根立杆距离墙边不应大于 500mm。叠合楼板支撑布置如图 5-87 所示。

以独立钢支撑体系脚手架支撑为例，首先将带有可调装置的独立钢支撑安放在位置标记处，设置三脚稳定架，然后架设工具梁托座，安装工具梁（宜选择铝合金梁、木工字梁等刚度大、截面尺寸标准的工具梁）。工具梁与桁架钢筋垂直设置，顶部支撑横杆横跨两块叠合板交接部位，以确保叠合板底拼缝间的平整度。支撑立杆调节高度设置在 1400mm 高度处，方便工人进行调节高度。工具梁安装后，安装支撑构件间连接件等，如图 5-88、图 5-89 所示。

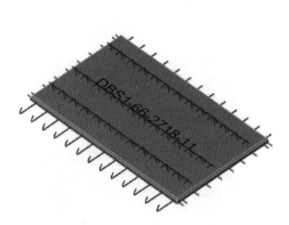

图 5-86　预制混凝土叠合楼板

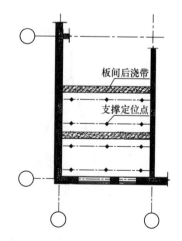

图 5-87　叠合楼板支撑布置示意图

（4）调整底座支撑高度

根据板底标高线，微调节支撑的支设高度，使工具梁顶面达到设计位置，并保持支撑顶部位置在平面内。

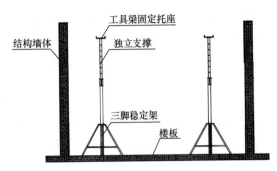

图 5-88　安装工具支撑

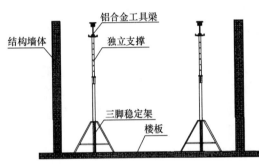

图 5-89　安装铝合金梁

（5）叠合板吊装

吊运：为了避免预制楼板吊装时，因受集中应力而造成叠合板开裂，预制楼板吊装采用专用吊架，应保持起重设备的吊钩位置、吊具构件重心在垂直方向上重合，吊索与吊装梁水平夹角不宜小于 60°。吊点不少于 4 个，各吊点均匀受力。保证构件平稳吊装。叠合板吊装示意图，如图 5-90 所示。

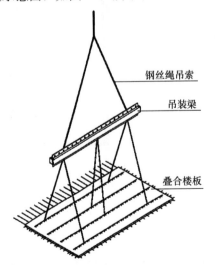

图 5-90　叠合板吊装

预制叠合板吊装时，应由专人负责挂钩，挂钩人员撤至安全区域后，由信号工确认构件四周安全情况，指挥缓慢起吊。起吊到距离地面 0.5m 左右时，塔式起重机起吊装置确定安全后，继续起吊。当叠合板吊运至操作面 4m 左右高度位置时开始下落叠合板，并利用引导绳初步控制叠合板走向，待叠合板下落至操作工人用手接触的高度时，再按照叠合板安装位置线进行安装。整个吊运过程应慢起慢落，避免与其他构件相撞。

就位：叠合板就位时要从上而下垂直向下安装，在作业层上空 0.5m 处，根据预先定位的导向架及控制线微调，微调完成后减缓下放，由专业施工人员手扶楼板引导降落，将板的边线与墙（梁）上的安放位置线对准，放下时要停稳慢放严禁快速猛放，以避免冲击力过大产生板面裂缝。

叠合板深入梁、墙、柱的长度依据设计规定，如设计无规定时，叠合板板底端部在梁、墙、柱上的搁置长度不应小于 9mm。支座处的受力状态应保持均匀一致，端部与支撑构件之间应坐浆或设置支撑垫块，坐浆或支撑垫块厚度不宜大于 20mm。叠合板底板就位如图 5-91 所示。

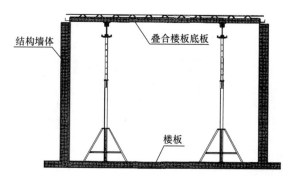

图 5-91　叠合板就位

校正定位：根据预制墙体上水平控制线及竖向板缝定位线，校核叠合板水平位置及竖向标高情况。首先观察叠合板水平位置，如水平位置有微小偏差，用撬棍调整其水平位移，确保叠合楼板满足设计图纸水平分布要求；然后进行叠合板标高校验，通过调节竖向独立支撑，确保叠合板满足设计标高要求。

（6）叠合板后浇带模板安装

安装叠合楼板底板间后浇带处的模板及支撑，模板应与叠合楼板间连接稳固。叠合楼板底板间后浇带模板如图 5-92 所示。

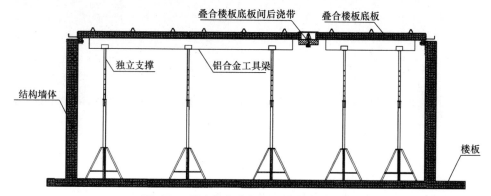

图 5-92　叠合楼板底板间后浇带模板示意

叠合楼板后浇带模板施工节点如图 5-93 所示。预制外墙板与叠合楼板衔接处模板施工节点如图 5-94（a）所示。预制内墙板与叠合楼板衔接处模楼板施工节点如图 5-94（b）所示。

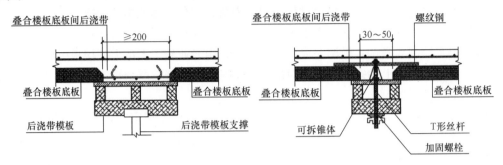

图 5-93　叠合楼板后浇带模板施工节点图

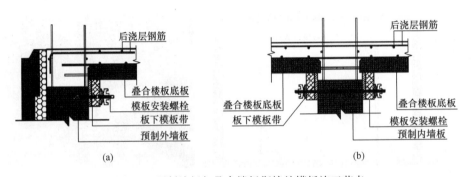

（a）　　　　　　　　　　　　　　（b）

图 5-94　预制墙板与叠合楼板衔接处模板施工节点
（a）与预制外墙衔接处模板施工节点；（b）与预制内墙衔接处模板施工节点

（7）管线铺设

为了方便施工，叠合楼板在工厂生产阶段已将相应的线盒及预留的洞口等按设计图纸要求预埋在预制楼板中。安装完毕后现场只需将其管线连接即可。管线铺设如图 5-95 所示。

图 5-95　叠合板上管线铺设

（8）叠合层上部钢筋绑扎

水电管线铺设完成并经检查合格后，进行叠合层上部钢筋绑扎。上部钢筋应置于桁架上弦钢筋上，与桁架绑扎固定，以防止偏移和混凝土浇筑时上浮。对于叠合板和剪力墙连接部位的钢筋网，如图 5-96 所示，除靠近外围两行钢筋的相交处全部扎牢外，中间部位交叉点可交错扎牢，但必须保证钢筋不产生位置偏移，双向受力钢筋必须全部扎牢。对已铺设好的钢筋、模板进行保护，禁止在底模上行走或踩踏（尤其负弯矩筋）。

（9）叠合层混凝土浇筑

后浇混凝土的浇筑质量决定了结构连接节点的可靠程度，直接影响装配式结构的整体强度，是十分重要的施工步骤，因此对后浇混凝土的施工质量一定要严格控制。

浇筑前，清理叠合板上杂物，结合面疏松部分的混凝土应剔除并清理干净，并向叠合板上部洒水，保证叠合板表面充分湿润，但不宜有过多的积水。混凝土要分层连续浇筑，混凝土分层浇筑高度应符合国家现行有关标准规定，应在底层混凝土初凝前将上层混凝土浇筑完毕。浇筑后要仔细振捣密实，振捣时，要防止钢筋发生位移。浇筑和振捣时应对模板和支架进行观察和维护，发现异常情况应及时处理。叠合构件应在后浇混凝土强度达到设计要求后，方可拆除模板支撑。混凝土浇筑如图 5-97 所示。

图 5-96　叠合层上部钢筋绑扎

图 5-97　叠合层混凝土浇筑

5.4.2　预制混凝土叠合梁安装

1. 施工工艺流程

预制混凝土叠合梁安装施工工艺流程如图 5-98 所示。

2. 施工要求与施工要点

（1）测量放线

叠合梁底梁吊装前，检查柱顶标高并修正柱顶标高，确保梁底标高一致，对平面内所有需要吊装的预制梁标高、梁边线控制线进行统一弹线，以免误差积累，误差应控制在±5mm内；根据控制线对梁端、梁侧、梁轴线进行精密调整。

（2）支撑系统安装

梁底支撑一般采用双排支撑体系（图 5-99），支撑体系要平衡、稳定。对于长度大于 4m 的叠合梁，底部不得少于 3 个支撑点，大于 6m 的，不得少于 4 个支撑点。根据叠合梁支撑图，逐一将叠合梁支撑安装完成，并调整好水平。

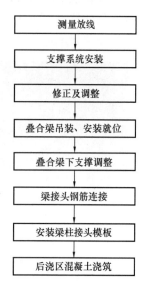

测量放线

支撑系统安装

修正及调整

叠合梁吊装、安装就位

叠合梁下支撑调整

梁接头钢筋连接

安装梁柱接头模板

后浇区混凝土浇筑

图 5-98　预制混凝土叠合梁安装施工工艺流程

图 5-99　叠合梁支撑系统

支撑系统安装基本规定为：叠合梁承受施工荷载较大，临时支撑顶部标高应符合设计规定，并应考虑支撑系统自身在施工荷载作用下的变形。在形成整体刚度前，支撑系统应该能够承受构件的重力荷载；在后浇混凝土强度达到设计要求后，方可拆除临时支撑。叠合梁首层支撑架体的地基必须平整坚实，宜采用硬化措施；支撑系统的间距及距离墙、柱、梁边的净距应通过计算确定；竖向连续支撑层数不宜少于 2 层且上下层支撑宜在同一铅垂线上。

（3）修正及调整

叠合梁吊装前应复核柱钢筋与梁钢筋位置、尺寸，对梁钢筋与柱钢筋位置有冲突的，应按设计单位确认的技术方案调整。

（4）叠合梁吊装、安装就位

叠合梁吊装与竖向构件吊装相同。起吊时应保持构件水平，吊离地面 1m 时，静停 10～30s，待确认起吊设备、工具工作正常后再继续起吊。按照吊运路线将构件吊至安装位置，构件在空中吊运时，构件底下不应有人员活动。吊运路线必须在防坠隔离区内。防坠隔离区为建筑物外边线向外延伸 6m。整个吊装过程遵循"慢起、快升、缓降"的原则。叠合梁安装到预定位置后，检查安装位置，确保位置准确。叠合梁吊装如图 5-100 所示。

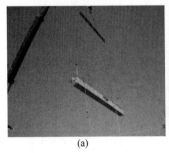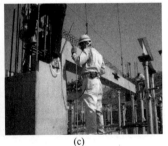

(a)　　　　　　　　　　(b)　　　　　　　　　　(c)

图 5-100　叠合梁吊装
(a) 吊装；(b) 钢筋对位；(c) 梁就位

（5）叠合梁下支撑调整

叠合梁安装就位后，及时调整支撑件标高，保持其充分受力，如图 5-101 所示。操作人员及时利用梁上预留钢筋维护梁上端安全，便于钢筋工绑扎柱头钢筋。

图 5-101　叠合梁下支撑调整

（6）梁接头钢筋连接

叠合梁对接连接时，梁上部钢筋可采用气体保护焊，梁下部纵向钢筋在后浇段内宜采用机械连接（加长螺纹型直螺纹接头）、套筒灌浆连接或焊接连接，如图 5-102 所示。

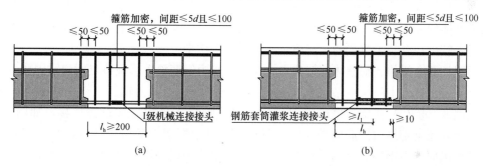

图 5-102　叠合梁对接连接

（a）梁底纵筋机械连接或焊接；（b）梁底纵筋套筒灌浆连接

主次梁边节点连接，主梁预留后浇槽口处，次梁下部纵向钢筋深入主梁后浇段内的长度不应小于 12d（d 为纵向钢筋直径）。次梁上部纵向钢筋应在主梁后浇段内锚固。可采用弯折锚固或锚固板锚固。弯折锚固如图 5-103 所示。

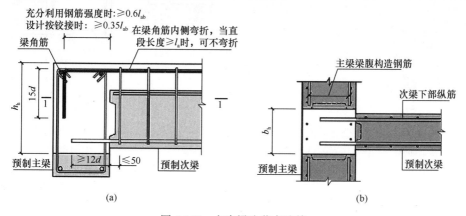

图 5-103　主次梁边节点连接

（a）次梁上部钢筋 90°弯折锚固；（b）1-1 剖面图构造

主次梁中间节点连接，主梁预留后浇槽口处，两侧次梁的下部纵向钢筋深入主梁后浇段内长度不应小于 12d（d 为纵向钢筋直径）；次梁上部纵向钢筋应在后浇层内贯通，如图 5-104 所示。

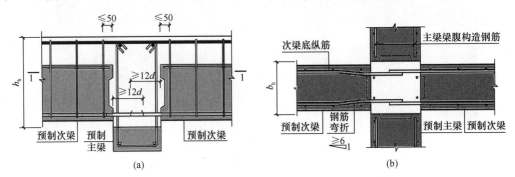

图 5-104　主次梁中间节点连接
（a）次梁上部钢筋后浇层贯通；（b）1-1 剖面图构造

预制柱叠合梁框架节点处，梁钢筋在节点中锚固及连接方式是决定施工可行性以及节点受力性能的关键。梁、柱构件尽量采用粗大直径、较大间距的钢筋布置方式，节点区的主筋钢筋较少，有利于节点的装配施工，保证施工质量。

预制柱叠合梁的装配整体框架节点，梁纵向受力钢筋深入后浇节点区内锚固或者连接应符合规定：框架中间层中节点，节点两侧的梁下部纵向受力钢筋宜锚固在后浇节点区内，如图 5-105（a）所示，也可采用机械连接或焊接连接的方式直接连接，如图 5-105（b）所示，梁上部纵向钢筋应贯穿后浇节点区；对于框架中间层端节点，当柱截面尺寸不满足梁纵向受力钢筋的直线锚固要求时，宜采用锚固板锚固，如图 5-106 所示，也可采用 90°弯折锚固；对框架顶层中节点，梁纵向受力钢筋的构造同前。

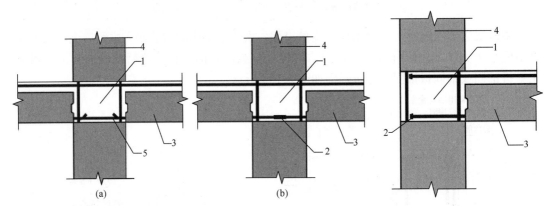

图 5-105　预制柱叠合梁框架中间层中节点构造
（a）梁下部纵向受力钢筋锚固；（b）梁下部纵向受力钢筋连接
1—后浇区；2—梁下部纵向受力钢筋连接；3—预制梁；
4—预制柱；5—梁下部纵向受力钢筋锚固

图 5-106　预制柱叠合梁框架
中间层端节点构造
1—后浇区；2—梁纵向受力钢筋
锚固；3—预制梁；4—预制柱

（7）安装梁柱接头模板

叠合板吊装完成后，采用木模将梁柱、梁梁接头进行封闭，梁板之间缝隙采用胶带封闭。预制柱和叠合梁在接头处有预留埋件，在安装模板时将对拉螺杆与预埋件连接，完成接头处模板固定，如图 5-107 所示。

图 5-107　后浇区模板安装

（8）后浇区混凝土浇筑

装配整体式框架结构中，当采用叠合梁时，框架梁的后浇混凝土叠合层厚度不宜小于 150mm，如图 5-108（a）所示，次梁的后浇混凝土叠合层厚度不宜小于 120mm；当采用凹口截面预制梁时，如图 5-108（b）所示，凹口深度不宜小于 50mm，凹口边厚度不宜小于 60mm。后浇区混凝土浇筑要求及方法同前。

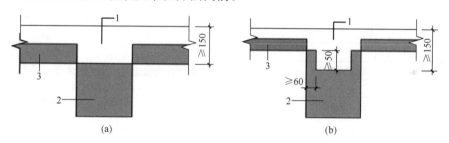

图 5-108　叠合梁截面示意图
（a）矩形截面叠合梁；（b）凹口截面叠合梁
1—后浇混凝土叠合层；2—预制梁；3—预制板

5.5　装配式混凝土结构其他构件安装

5.5.1　预制混凝土楼梯安装

预制构件装配式钢筋混凝土楼梯一般由平台板、平台梁、梯段三类预制构件拼装而成。平台板可用一般楼板，另设平台梁。这种做法增加了构件的类型和吊装次数，但是平台宽度变化灵活。大型构件装配式钢筋混凝土楼梯是将梯段板和平台板预制成一个构件，这种楼梯主要用于工业化程度高、专用体系的大型装配式建筑中，或用于建筑平面设计和结构布置有特别需要的场所。

1. 施工工艺流程

预制混凝土楼梯安装施工工艺流程如图 5-109 所示。

2. 施工要求与施工要点

（1）预制楼梯构件检查，编号确认

楼梯安装前应检查预制楼梯构件规格，并按照吊装流程核对构件编号，确认安装位置，并标注吊装顺序。预制板式楼梯编号：YBT-4900 2800 1200-3.5，其含义是：投影长度 4900mm，踏步段高度 2800mm，宽度 1200mm，楼梯间均布活荷载 3.5kN/mm²。

（2）预制楼梯位置放线

为了保证安装位置的准确，安装前应进行测量放线，标记出梯段上、下安装部位的水平位置与垂直位置的控制线，预制楼梯测量放线如图 5-110 所示。

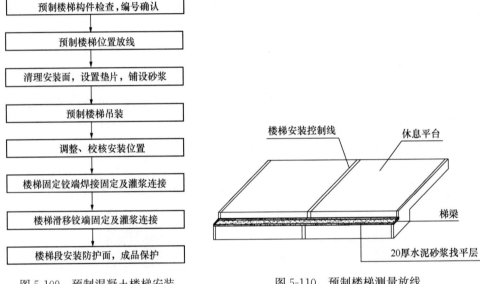

图 5-109　预制混凝土楼梯安装
施工工艺流程

图 5-110　预制楼梯测量放线

（3）清理安装面，设置垫片，铺设砂浆

楼梯安装前应清理楼梯段安装位置的梁板施工面。设置垫片或铺设水泥砂浆找平层，调整安装标高，楼梯安装多采用铺设水泥砂浆方式。

（4）预制楼梯吊装

将预制梯段吊至预留位置，进行位置校正。预制楼梯吊装如图 5-111 所示。

楼梯吊装时，应采用吊装梁设置长短钢丝绳方式保证楼梯起吊呈正常使用状态，吊装梁呈水平状态，楼梯吊装钢丝绳与吊装垂直。主吊索与吊装梁水平夹角 α 不宜小于 60°。

就位时，楼梯要从上垂直向下安装，在作业层上空 30cm 左右处略作停顿，施工人员手扶楼梯板调整方向，将楼梯板的边线与梯梁上的安装控制线对准，放下时要停稳慢放，严禁快速猛放。

（5）调整、校核安装位置

基本就位后，用撬棍微调楼梯，直到位置正确，搁置平实。同时注意标高正确，校正

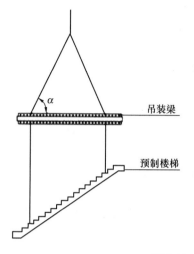

图 5-111 预制楼梯吊装

后再脱钩。

（6）楼梯固定铰端连接、滑动铰端连接

按照设计要求，先进行楼梯梯段上端固定铰连接，再进行楼梯梯段下端滑动铰连接施工。预制楼梯构造示意如图 5-112 所示。

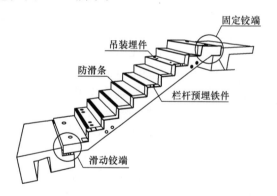

图 5-112 预制楼梯构造示意

楼梯采用销键预留洞与梯梁连接的做法时，固定铰端与滑动铰端安装节点构造做法如图 5-113 所示。梯段上端预留洞采用 C60 级灌浆料灌至距梯段表面标高 30mm 处，再采用砂浆封堵密实；梯段下端预留洞内距梯段表面标高 40mm，再安装 4mm 厚的铁垫片，采用螺母固定牢固，内部形成空腔，再采用砂浆将预留洞口封堵严密。

楼梯采用其他可靠连接方式，如焊接连接时，应符合设计要求或国家现行有关施工规范规定。

梯段与平台梁间缝隙用聚苯板填充至距梯段板上表面 50mm 处，再嵌入 20mmPE 棒，最后用打胶枪打 30mm 厚密封胶封堵密实。

（7）成品保护

预制楼梯梯段安装施工过程中及装配后做好成品保护，成品保护可采取包、裹、盖、遮等有效措施，防止构件被撞击损伤和污染。

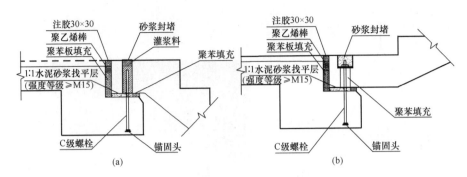

图 5-113 预制楼梯安装节点

（a）固定铰端安装节点；（b）滑动铰端安装节点

5.5.2 预制混凝土阳台、空调板安装

1. 施工工艺流程

预制混凝土阳台板、空调板安装施工工艺流程如图 5-114 所示。

施工准备

定位放线

支撑安装并与结构内侧拉结固定

板底支撑标高调整

阳台板、空调板吊装

校核阳台板、空调板标高及位置

阳台板、空调板临时性拉结固定

阳台板、空调板钢筋与梁板钢筋绑扎固定

梁板混凝土浇筑

混凝土达到规定强度，拆除支撑

图 5-114 预制混凝土阳台板、空调板安装施工工艺流程

2. 施工要求与施工要点

（1）施工准备

将预制阳台板、空调板施工操作面的临边安全防护措施安装到位。施工管理人员及操作人员应熟悉施工图纸，应按照吊装流程核对构件编号，确认安装位置，并标注吊装顺序。

预制阳台板类型有三种：D 型代表叠合板阳台；B 型代表全预制板式阳台；L 型代表全预制梁式阳台。

预制阳台编号 YTB-B-1433-04，其含义是：全预制板式阳台，阳台板相对剪力墙外表面挑出长度为 1400mm，阳台对应房间开间轴线尺寸为 3300mm，阳台封边高度为 400mm。

预制空调板编号 KTB-84-130，其含义是：预制空调板构件长度为 840mm，宽度为 1300mm。

（2）定位放线

在墙体上的预制阳台板、空调板安装位置测量放线，并设置安装标记。

（3）安装支撑并与结构内侧拉结固定

预制阳台板、空调板支撑的布置方式应有充分经验，并经严格计算后，方可进行支撑支设。支撑宜采用承插式、碗扣式脚手架进行架设，支撑部位须与结构墙体有可靠刚性拉结节点，支撑应设置斜撑等构造措施，保证架体稳定。预制阳台板支撑如图 5-115 所示，预制空调板支撑如图 5-116 所示。

（4）板底支撑标高调整

构件吊装前，应调节支撑上部的支撑梁至板底标高位置，将支撑与墙体内侧结构拉结固定，防止构件倾覆，确保安全可靠。

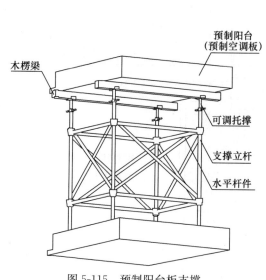

图 5-115　预制阳台板支撑

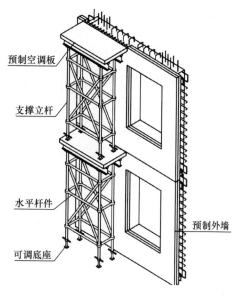

图 5-116　预制空调板支撑

（5）阳台板、空调板吊装

预制阳台板吊装宜使用专用型框式吊装梁，用卸扣将钢丝绳与预制构件上的预埋吊环连接，并确认连接紧固，吊索与吊装梁的水平夹角不宜小于 60°，如图 5-117 所示。

可采用吊索直接吊装空调板构件，吊索与预制空调板的水平夹角 α 不宜小于 60°，如图 5-118 所示。

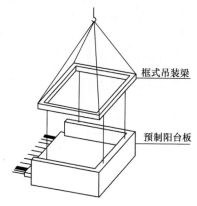

图 5-117　预制阳台板吊装

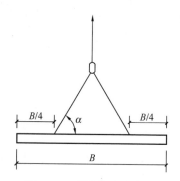

图 5-118　预制空调板吊装

吊装时注意保护成品，以免墙体边角被撞。吊装过程操作要点同前。

（6）校核阳台板、空调板标高及位置将预制阳台板、空调板吊至预留位置，进行位置校正。

（7）阳台板、空调板临时性拉结固定

预制阳台板、空调板吊装至安装位置后，应设置安全构造钢筋与梁板内连接筋焊接或其他可靠拉结。

（8）阳台板、空调板钢筋与梁板钢筋绑扎固定

阳台板、空调板部位的现浇钢筋绑扎固定，铺设上层钢筋，安装预留预埋件及管线。

阳台板、空调板与主体结构连接节点如图 5-119～图 5-121 所示。

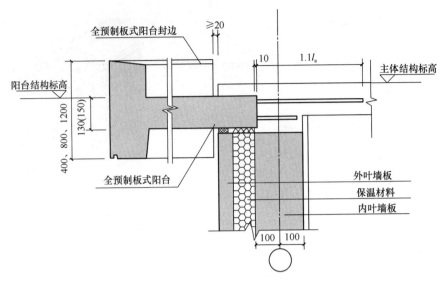

图 5-119　全预制板式阳台与主体结构连接节点

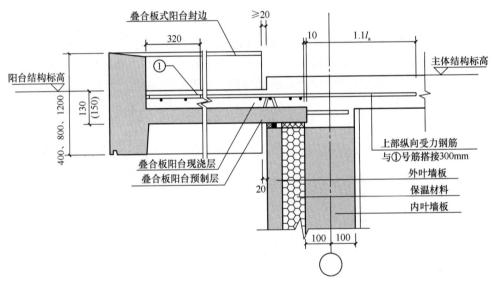

图 5-120　叠合板式阳台与主体结构连接节点

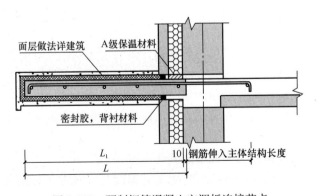

图 5-121　预制钢筋混凝土空调板连接节点

码 5-5　装配式混凝
土建筑施工应用

（9）梁板混凝土浇筑，混凝土达到规定强度，拆除支撑

梁板混凝土浇筑方法同前。待混凝土强度达到100％后方可拆除支撑装置。

5.6 装配式混凝土结构施工现场质量与安全管理

5.6.1 装配式混凝土结构常见质量问题及管理

1. 施工常见的质量问题

（1）平板制作安装问题

1）转角板折断

转角板是维护预制装配式建筑整体框架稳定性的重要构件，因其厚度薄、体积大，所以在构件运输、现场吊装过程中都可能造成转角板的破坏。

2）外墙板保温层断裂

预制外墙板的保温层经常脱落或断裂。主要原因是预制外墙板加工时均为"三明治"构件，即由"外装饰面＋保温层＋结构层"三层组成，保温材料的不统一经常造成保温材料的外墙板脱落。

3）叠合板断裂

叠合板在运输、吊装过程中板面经常发生龟裂甚至断裂现象；生产加工时板面经常翘曲、缺角、断角、桁架筋外露或预埋件脱落。

主要原因是部分叠合板跨度过大，运输过程中板间挤压，或者吊装时因挠度过大产生裂纹，裂缝延伸至整块板，导致构件破坏；生产养护不当造成叠合板板面翘曲，脱模时隔离剂粉刷不均匀、少刷漏刷等造成叠合板板边粘模；加工操作漏洞导致叠合板面桁架筋外露或者预埋件脱落。

（2）预制构件连接问题

1）灌浆不饱满

预制墙板在纵向连接时灌浆饱满程度难以确定；预制构件灌浆孔堵塞。

一般认为，灌注的混凝土从板的上部孔洞流出即为灌浆完成，但实际上灌浆管内部情况难以检验，灌浆饱满度难以把握；另外，由于工厂生产构件时操作不细心，现场的工人对灌浆孔清洗不干净等原因都会造成灌浆孔堵塞。

2）套筒连接错位

构件套筒连接时钢筋与预制套筒位置错位偏移。这种偏移分两种：第一种，部分偏移，这种情况下钢筋勉强可以插进孔洞；第二种，完全偏移，只能重新加工构件。产生这种现象的原因主要是套筒孔径较小，在生产构件时造成加工定位或尺寸不精密。

3）管线及构件埋设的问题

构件预埋管线堵塞、脱落，预埋构件位置偏移；施工现场穿线时遇障碍。这主要是由于构件生产时预埋管线没有很好地连接，振捣时使部分混凝土进入预埋管造成管线堵塞；管线及构件没有很好地固定，在振捣过程中发生脱落或偏移。另外，由于水电管线均在加工厂预埋完成后在现场对应位置组装，组装过程中没有很好地考虑转角等弧度问题，预埋电线管经常出现90°角，造成现场穿线困难，如图5-122所示。

图 5-122　预制板中预埋管线与预埋件

（3）预制构件成品保护的问题

施工现场预制构件存放不当造成构件损坏。这主要是由于现场缺乏对构件进行管理的人员和制度，并且在很多施工现场，预制构件生产的生产速度不能很好地和现场施工作业时间搭接，一些预制构件生产厂为了满足施工现场流水作业过早地大批量生产预制构件，造成构件堆放时间过长，钢筋锈蚀，影响工程质量。

（4）现场工人操作不专业

工人在现场施工时，脚踩踏预制的钢筋，导致钢筋变形或移位。这主要是由于工人施工前没有经过专业培训，也没有制定完善的规章制度，不仅使钢筋的强度降低，也不能保证工人的安全。在施工过程中，经常会由于工人操作不当造成构件损坏，构件修补不仅浪费了时间，而且影响工程的美观性。

2. 施工质量防范措施

（1）采用相关辅助工具

1）转角板"L型"吊具

针对预制装配式建筑转角板在运输以及吊装过程中容易折断的问题，建议在吊装时采用"L型"吊具，将转角板受到的拉力转移到"L型"吊具上，从而降低转角板的损坏率。

2）平板"护角"

建议根据构件薄厚尺寸规格，制作塑料或者橡胶材质的护角，在构件出厂或者运输的时候套入构件的四个角，安装之前卸下来重复使用，以大大减少平板的损坏。另外，在平板运输过程中可以"增大间距，少量多次"；平板在运输时增大间距，尽量选择平坦的运输道路，增加运输次数，以保证平板不折断。

（2）减少叠合板制作跨度

为解决叠合板在吊装过程中经常会因为跨度过大而断裂的问题，可以与设计单位沟通，在进行构件设计时充分考虑这一问题，尽量将叠合板跨度控制在板的挠度范围内，以减少现场吊装过程中损坏。

（3）吊装桁架筋

为解决叠合板吊装预埋件经常脱落的问题，建议在吊装预埋件周围加固或者直接吊装叠合板桁架筋，这样不仅可以节省吊装预埋件，对叠合板的吊装安全有了保障，也可以根据现场情况灵活改变吊装点位置，见图 5-123。

图 5-123　叠合板吊装

（4）适当增大对位孔径

预制钢筋与现场钢筋孔洞对位问题一直是预制装配式建筑现场施工的重点与难点。建议在满足规范要求的前提下，适当增大钢筋对位孔洞，这样可以使对位钢筋的入孔率增大，从而使钢筋的纵向整体性增强，有效连接增加；或者，可以增加现场施工与构件加工厂的沟通，增加构件加工厂生产准确性以及现场钢筋绑扎的规范性，减少错误构件的产生。

（5）振捣前固定预埋构件

针对接线盒在墙板混凝土振捣过程中的错位问题，可以在混凝土振捣前将接线盒焊接在对应部位上，这样可以使接线盒很好的固定，或者生产一种专门用在预制装配式建筑工程中的接线盒，可以在接线盒后增加铁丝，振捣前事先绑扎在对应位置上，可以很好地解决接线盒在振捣时移位的问题。对于预埋水电管线脱落的问题，可以增加"振捣前检查，振捣中观察，振捣后复查"的环节，这样可以大大减少水电预埋管线脱落的问题，增加成品合格率。

（6）成品保护

预制构件在运输、堆放、安装施工过程中及装配后应做好成品保护。预制构件在运输过程中宜在构件与刚性搁置点处填塞柔性垫片，现场预制构件堆放处 2m 内不应进行电焊、气焊作业。预制构件暴露在空气中的预埋铁件应抹防锈漆，防止产生锈蚀。预埋螺栓孔应采用海绵棒填塞，防止混凝土浇捣时将其墙塞。预制楼梯安装后，踏步口宜铺设木条或采取其他覆盖形式保护。预制外墙板安装完毕后，门、窗框应用槽型木框保护，如图 5-124 所示。

图 5-124　成品保护措施

5.6.2 装配式混凝土结构常见安全问题及管理

1. 施工安全风险的类型

据统计，装配式建筑事故类别如图 5-125 所示。

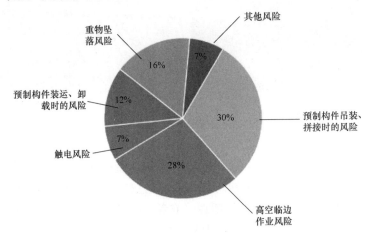

图 5-125　装配式建筑事故类别统计图

（1）预制构件吊装、拼接时的风险（30%）

预制构件的吊装和拼接（图 5-126）是预制装配式建筑施工中最核心的部分，从调查结果可以看出，该过程发生风险占项目所有风险的 30%，这个阶段的安全风险主要表现在以下三个方面：

1）吊装连接部位失效风险；

2）吊装机械失效风险；

3）吊装操作失误风险。

（2）高空临边作业风险（28%）

高空坠落一直是建筑施工过程中最严重的风险类型，预制装配式建筑大多是多层或高层建筑物，外墙基本采用预制构件的拼接，所以施工人员必须进行高空的临边作业。在预制装配式建筑施工中，可能出现高空临边坠落风险。预制装配式建筑在施工中没有搭设内外脚手架，工人在进行外挂板吊装时，安全绳索无处系挂或系挂不牢固，外围作业的工人高空坠落的可能性大，严重威胁其人身安全，见图 5-127。

图 5-126　预制构件吊装拼接

图 5-127　高空临边作业

（3）重物坠落风险（16%）

重物坠落也是经常发生的风险。预制构件在吊装过程中，若混凝土强度不够，容易被碰坏，使得大块混凝土或预埋件坠落，砸伤施工人员。另外，在预制装配式建筑施工时，建筑物外围一般不能设立安全围护网，许多施工过程中使用的钢筋、工具、各部位零部件或因施工人员随意丢弃的垃圾等物件也容易发生高处坠落，容易砸伤下层施工人员或施工建筑物周围的人员，如图 5-128 所示。

（4）预制构件装运、卸载时的风险（12%）

这类风险主要表现在：预制构件运送到施工现场后，若采用间接吊装，通常会用起重机对预制构件进行卸载和吊装，由于起重机作业场地区域有限，起重机行走、回转和变幅距离不够，容易挤伤附近工人。同时，工人在对预制构件进行吊装时，若构件在出厂装车时未整齐平稳放置，当两侧构件吊装完成后，中间构件易发生倒塌而砸伤作业工人，如图 5-129 所示。

图 5-128　起吊中预制构件

图 5-129　预制构件装运卸载

（5）触电风险（7%）

触电往往是容易被忽略但实际又会产生的风险。预制构件在拼接完成后，外挂板处一般需要对拼接缝进行防水条的焊接或其他地方的钢筋焊接等，涉及现场用电的工作，为此楼面上经常放置有临时的用电箱和电线。长时间的日晒雨淋、恶劣的施工环境，电线容易老化起火或因操作不当电线发生短路等，从而引发触电事故，危及人身财产安全。

（6）其他风险（7%）

其他风险主要有火灾、食物中毒、机械伤害、坍塌等。

2. 施工安全存在问题的原因分析

任何建筑施工系统都是由施工人员、机械、材料、施工方法、管理五个要素组成，建筑施工中存在问题的原因可从这五个方面进行分析。预制装配式建筑施工安全管理存在问题的原因可以大致分为五类：

（1）施工人员安全意识薄弱；

（2）企业安全监督管理不足；

（3）机械设备故障、操作不当；

（4）预制构件质量缺陷；

（5）安全防护措施不完善。

3. 施工安全管理

（1）完善安全风险管理方面的措施

加强施工人员的岗前施工技能培训；强化施工人员的安全防范意识；实行企业安全生产管理机制。

（2）保证预制构件的生产质量

在预制装配式建筑的施工过程中，预制构件是很重要的组成部分，其质量的好坏影响着预制构件吊装与拼接等施工过程中的安全性。材料采购单位首先要对供货商的资质与信誉进行熟悉了解，签订预制构件生产质量标准合同，确保预制构件来源的安全性。

（3）建立装配式建筑工程施工安全风险评价体系

结合安全管理理论与风险管理理论，针对预制装配式的施工特点，对施工过程中存在的安全隐患进行定量和定性分析，对事故发生的可能性进行综合的评估，探究出适用于预制装配式建筑工程特点的安全风险管理评价体系，以最大限度减少风险带来的损失，保障施工人员生命财产安全。

5.7 装配式混凝土结构计算实例

现浇节点模板计算实例

1. 基本情况

本工程主体结构为装配式剪力墙结构，位于北京某地，预制钢筋混凝土剪力墙结构墙体厚度为200mm，叠合板厚130mm，底板厚度为60mm，后浇层厚度为70mm，层高为2700mm，现浇节点采用钢框木胶合板定型模板，设计模板高度为2600mm。

钢框木胶合板定型模板的材质构成：

面板：15mm厚覆面木胶合板；外楞：壁厚为3.0mm，30mm×50mm方钢管；背楞间距：600mm；

钢框木胶合板定型模板的力学性能：

面板采用木胶合板，厚度为15mm，弹性模量 $E=10000\text{N/mm}^2$，抗弯强度设计值 $f_m=30\text{N/mm}^2$。外楞采用壁厚为3.0mm，30mm×50mm方钢管，截面面积 $A=444\text{mm}^2$，惯性矩 $I=1.42\times10^5\text{mm}^4$，截面模量 $W=5.69\times10^3\text{mm}^3$。

钢框木胶合板定型模板的设计：根据《混凝土结构工程施工规范》GB 50666—2011第4.3.5～4.3.7条，钢框木胶合板定型模板应按正常使用极限状态和承载能力极限状态进行设计。

钢框木胶合板定型模板结构形式如图5-130所示。

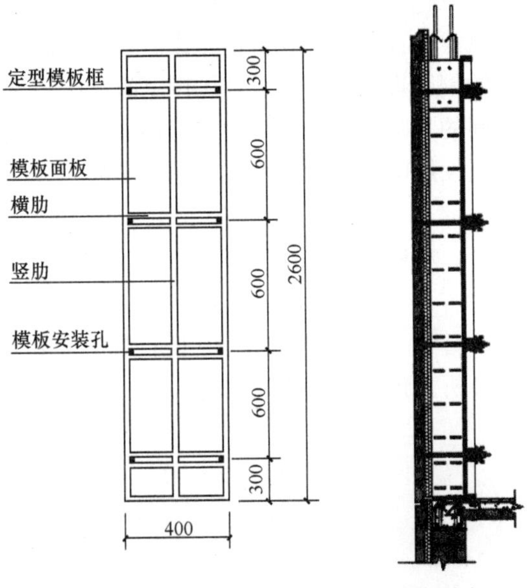

图5-130 钢框木胶合板定型模板结构形式

2. 面板计算

（1）荷载

1）永久荷载标准值

新浇筑混凝土侧压力标准值计算：根据《混凝土结构工程施工规范》GB 50666—2011 附录 A 中的公式（A.0.4-1）和公式（A.0.4-2）：

$$F = 0.28\gamma_C t_0 \beta V^{\frac{1}{2}}$$

$$F = \gamma_C H$$

式中　F——新浇筑混凝土作用于模板的最大侧压力标准值（kN/m^2）；

　　　γ_C——混凝土的重力密度（kN/m^3）；

　　　V——混凝土的浇筑速度（m/h）；

　　　t_0——新浇混凝土的初凝时间（h），可按实测确定；当缺乏试验资料时可采用 $t_0 = \frac{200}{T+15}$ 计算，T 为混凝土的温度（℃）；

　　　β——混凝土坍落度影响修正系数：当坍落度大于 50mm 且不大于 90mm 时，取 0.85；坍落度大于 90mm 且不大于 130mm 时，取 0.9；坍落度大于 130mm 且不大于 180mm 时，取 1.0；

　　　H——混凝土侧压力计算位置处至新浇混凝土顶面的总高度（m）。

混凝土侧压力的计算分布图形如图 5-131 所示：$h = F/\gamma_C$，h 为有效压头高度

设 $T=20℃$，$\beta=1.0$，$V=10m/h$

$$F = 0.28\gamma_C t_0 \beta V^{\frac{1}{2}} = 0.28 \times 24 \times \frac{200}{20+15} \times 1.0 \times 10^{\frac{1}{2}}$$

$$= 121.42 kN/m^2$$

$$F = \gamma_C H = 24 \times 2.6 = 62.40 kN/m^2$$

取二者中的较小值，则混凝土侧压力标准值为：$G_{4K} = F = 62.4 kN/m^2$

2）可变荷载标准值

根据《混凝土结构工程施工规范》GB 50666—2011 附录 A 中的 A.0.6；

倾倒混凝土产生的水平荷载标准值：$Q_{2K} = 4 kN/m^2$。

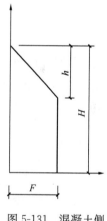

图 5-131　混凝土侧压力分布图

3）荷载设计值

根据《混凝土结构工程施工规范》GB 50666—2011 第 4.3.6 条：

$$S = 1.35\alpha \sum_{i \geqslant 1} S_{GiK} + 1.4\psi_{cj} \sum_{j \geqslant 1} S_{QjK}$$

及表 4.3.7 选择参与模板承载力计算的荷载为：$G_4 + Q_2$

α 为模板及支架类型系数，侧面模板取 $\alpha = 0.9$，ψ_{cj} 为第 j 个可变荷载组合值系数，取 $\psi_{cj} = 1.0$。

① 永久荷载设计值：

$$1.35 \times 0.9 \times G_{4K} = 1.35 \times 0.9 \times 62.40 = 75.82 kN/m^2$$

② 可变荷载设计值：

$$1.4 \times 1.0 \times Q_{2K} = 1.4 \times 1.0 \times 4 = 5.6 \mathrm{kN/m^2}$$

（2）面板抗弯强度验算

木胶合板面板抗弯强度按下式计算：

$$\sigma_{max} = M_{max}/W \leqslant f$$

式中　　σ_{max}——板面最大正应力；

M_{max}——最不利弯矩设计值，$M_{max} = K_M q l_1^2$；

W——净截面抵抗矩（mm³），$W = \frac{1}{6} \times b \times h^2 = \frac{1}{6} \times 1220 \times 15^2 = 45750 \mathrm{mm^4}$；

f——木胶合板抗弯强度设计值，$f = 22 \mathrm{kN/m^2}$。

面板压力设计值：

$$G = 1.35 \times 0.9 \times G_{4K} + 1.4 \times 1.0 \times Q_{2K} = 75.82 + 5.6 = 81.42 \mathrm{kN/m^2}$$

面板均布线荷载设计值：$q = 1 \times 81.42 = 81.42 \mathrm{kN/m^2}$

面板的计算跨度取 0.4m；

面板按一跨计算，计算简图如图 5-132 所示。

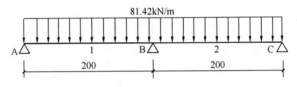

图 5-132　面板计算简图

经计算，面板 1、2 跨及 B 支座处弯矩最大：

$$M_1 = M_2 = K_M q l^2 = 0.070 \times 81.42 \times 0.2^2 = 0.23 \mathrm{kN \cdot m}$$

$$M_B = K_M q l^2 = -0.125 \times 81.42 \times 0.2^2 = -0.41 \mathrm{kN \cdot m}$$

所以，B 支座处弯矩最大。

则面板的最大应力为：

$$\sigma_{max} = M_B/W = \frac{410000}{45750} = 8.96 \mathrm{N/mm^2} \leqslant f = 22 \mathrm{N/mm^2}$$

面板的抗弯强度满足要求。

（3）面板挠度验算

采用永久荷载标准值对面板的挠度进行验算，故其作用效应的线荷载为：

$$q = 1 \times 62.40 = 62.40 \mathrm{kN/m}$$

根据《建筑施工模板安全技术规范》JGJ 162—2008 第 4.4.1 条第 1 款，面板容许最大变形为模板构件计算跨度的 1/400，面板边跨中间挠度的计算公式为：

$$\omega = K_W q L^4/(100EI)$$

$$= 0.521 \times 62.40 \times 200^4/(100 \times 10000 \times 343125)$$

$$= 0.15 \leqslant [v_T] = L/400 = 200/400 = 0.5 \mathrm{mm}$$

面板挠度满足要求。

3. 竖肋计算

竖肋承受面板的均布荷载，再传给横肋，横肋的布置间距为：300＋600＋600＋600＋

300mm。

（1）竖肋的抗弯强度计算

竖肋压力设计值：$G=81.42\text{kN/m}^2$

竖肋受均布荷载设计值：$q=0.20\times81.42=16.28\text{kN/m}$

为简化计算，竖肋按二跨等跨连续梁来计算，经计算，竖肋中间 B 支座处弯矩最大，计算简图见图 5-133。

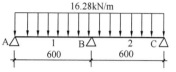

$$M_1 = K_M ql^2 = 0.070\times16.28\times0.6^2 = 0.41\text{kN}\cdot\text{m}$$

$$M_B = K_M ql^2 = -0.125\times16.28\times0.6^2 = -0.73\text{kN}\cdot\text{m}$$

图 5-133　竖肋计算简图

根据《建筑施工模板安全技术规范》JGJ 162—2008 第 5.2.2 条第 1 款，竖肋的最大应力为：

$$\sigma_{max} = M_B/W = 730000/5690 = 128.30\text{N/mm}^2 \leqslant 215\text{N/mm}^2$$

（2）竖肋挠度验算

竖肋按永久荷载验算：$q=0.2\text{m}\times62.40=12.48\text{kN/m}$

根据《建筑施工模板安全技术规范》JGJ 162—2008 第 4.4.2 条规定，钢楞的最大允许变形值为 $L/500$ 和 3.0mm 中的较小值，按二跨等跨连续梁计算，竖肋跨中挠度为：

$$\omega = K_W qL^4/(100EI)$$
$$= 0.521\times12.48\times600^4/(100\times206000\times142400)$$
$$= 0.29 \leqslant [v] = L/500 = 600/500 = 1.2\text{mm}$$

则竖肋的挠度满足要求。

4. 横肋计算

横肋承受竖肋的集中荷载，横肋由穿墙对拉螺栓杆固定，布置间距为 400mm。

（1）横肋抗弯强度计算

竖肋受均布荷载设计值：$g=0.2\times81.42=16.28\text{kN/m}$

横肋受竖肋传递的集中荷载设计值：$P=0.6\times g=0.6\times16.28=9.77\text{kN}$

横肋按单跨固端梁来计算，计算简图见图 5-134。

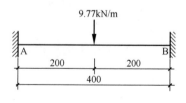

横肋跨中弯矩设计值为：

$$M = \frac{1}{8}PL = 0.125\times9.77\times0.4 = 0.49\text{kN}\cdot\text{m}$$

横肋的最大应力为：

$$\sigma_{max} = M/W = 490000/5690 = 86.12\text{N/mm}^2$$
$$\leqslant 215\text{N/mm}^2$$

图 5-134　横肋计算简图

（2）横肋的挠度验算

横肋按永久荷载验算：$P=0.6\times0.2\times62.40=7.49\text{kN/m}$

横肋按单跨固端梁计算：

横肋跨中挠度：

$$\omega = PL^3/(192EI)$$
$$= 7.49\times400^3/(192\times206000\times142400)$$
$$= 8.51\times10^{-5}\text{mm} \leqslant [v] = L/500 = 400/500 = 0.8\text{mm}$$

则横肋的挠度满足要求。

5. 穿墙对拉螺栓杆的计算

此计算中穿墙对拉螺栓横向布置最大间距为 300mm，竖向布置最大间距为 600mm。

根据《建筑施工模板安全技术规范》JGJ 162—2008 中第 5.2.3 条，对拉螺栓强度按下列公式计算：

$$N = abF_s$$
$$N_t^b = A_n f_t^b$$
$$N_t^b > N$$
$$F_s = 0.95(\gamma_G G_4 + \gamma_Q Q_2)$$

式中 N——对拉螺栓最大轴力设计值；

N_t^b——对拉螺栓轴向拉力设计值，按《建筑施工模板安全技术规范》JGJ 162—2008 中表 5.2.3 采用；

a——对拉螺栓横向间距；

b——对拉螺栓竖向间距；

F_s——新浇筑混凝土作用于模板上的侧压力、振捣混凝土对垂直模板产生的水平荷载或倾倒混凝土时作用于模板上的侧压力设计值；

0.95——荷载值折减系数；

A_n——对拉螺栓净截面面积，按《建筑施工模板安全技术规范》JGJ 162—2008 表 5.2.3 采用；

f_t^b——螺栓的抗拉强度设计值，查《建筑施工模板安全技术规范》JGJ 162—2008 附表 A.1.1-4 得：

$$f_t^b = 170N/mm^2$$
$$F_s = 0.95(\gamma_G G_4 + \gamma_Q Q_2) = 0.95 \times (1.35 \times 0.9 \times 62.40 + 1.4 \times 4) = 77.35kN/m^2$$
$$N = abF_s = 0.3 \times 0.6 \times 77.35 = 13.92kN$$
$$A_n = N_t^b/f_t^b > N/f_t^b = 13920/170 = 81.88mm^2$$
$$A_n = \pi d_e^2/4$$
$$d_e = \sqrt{4A_n/\pi} = \sqrt{4 \times 79.82/3.14} = 10.21mm$$

所以对拉螺栓宜选择有效直径 d_e 为 10.21mm 以上的螺栓，即 M12 以上的螺栓。

思考题及习题

一、问答题

1. 装配式混凝土结构构件生产方式有几种？各有何特点？

2. 预制构件模具设计应包含哪些内容？

3. 简述预制构件生产工艺流程。

4. 装配式混凝土结构安装前准备工作有哪些？

5. 装配式混凝土结构施工时，选择起重机械应考虑哪些因素？

6. 简述预制混凝土剪力墙安装施工工艺流程。

7. 预制外墙间构造缝如何处理?

8. 简述预制混凝土框架柱安装工艺流程。

9. 简述预制混凝土叠合板安装工艺流程。

10. 简述预制混凝土叠合梁安装工艺流程。

11. 装配式混凝土结构常见质量问题有哪些?防范措施有哪些?

12. 装配式混凝土结构常见安全风险有哪些?施工安全管理措施有哪些?

二、单项选择题

1. 预制叠合板堆放时,其高度不宜大于( )层。

(A) 5   (B) 6   (C) 7   (D) 8

2. 塔式起重机司机在( )指挥下,塔式起重机缓缓持力将预制构件运至安装施工层。

(A) 司索工   (B) 信号工   (C) 模板工   (D) 钢筋工

3. 灌浆料宜在加水后( )内用完,以防后续灌浆遇到意外情况时灌浆料可流动的操作时间不足。

(A) 20min   (B) 30min   (C) 40min   (D) 60min

4. 后浇混凝土或灌浆料应达到设计强度的( )以上方可拆除。

(A) 50%   (B) 70%   (C) 75%   (D) 100%

5. 预制剪力墙边缘构件应采取( )。

(A) 预制   (B) 焊接   (C) 搭接   (D) 现浇

6. 预制构件使用的吊具和吊装时吊索的夹角,涉及拆模吊装时的安全,此项内容非常重要,应严格执行。在吊装过程中,吊索水平夹角不宜小于( )且不应小于( )。

(A) 90°,60°   (B) 90°,45°   (C) 60°,30°   (D) 60°,45

7. 每工作班应检查灌浆料拌合物初始流动度不少于( )次,确认合格后,方可用于灌浆。

(A) 4   (B) 3   (C) 2   (D) 1

8. 安装预制墙板、预制柱等竖向构件时,应采用可调( )临时固定;支撑的位置应避免与模板支架、相邻支撑冲突。

(A) 横支撑   (B) 竖支撑   (C) 斜支撑   (D) 剪刀撑

9. 装配整体式混凝土结构后浇混凝土,连接缝混凝土应( ),竖向连接接缝可逐层浇筑。

(A) 连续浇筑   (B) 分层浇筑

(C) 间歇浇筑   (D) 后浇带浇筑

10. 预制构件的运输,当采用靠放架堆放或运输构件时,靠放架应具有足够的承载力和刚度,与地面倾斜角度宜大于( )。

(A) 60°   (B) 70°

(C) 80°   (D) 90°

码 5-6　第 5 章思考题
及习题参考答案

第6章 装配式混凝土施工质量检验

【教学目标】

1. 了解装配式混凝土结构施工质量常见问题及控制要点。
2. 熟悉装配式混凝土预制构件制作、安装过程及灌浆项目等的质量检验内容。
3. 掌握装配式混凝土结构重要项目的检测技术。
4. 熟悉装配式混凝土结构工程质量验收记录及部品部件等的检验报告单。

6.1 概　　述

装配式混凝土结构在建造过程中具有节水、节材、节能、环保、高效等优点，同时也符合国家的发展理念，因此在建筑等行业中的应用越来越广泛。随着我国经济的高速发展，城市化的进程进一步加快，居民收入水平有了很大提高，建筑工程质量的好坏不仅对人们的生命财产安全有着重要意义，同时也对工程项目的经济效益有着重要的影响。因此人们对建筑物的性能要求提高了，进而对建筑工程质量水平有了更高的要求。为了保证工程质量，通过对装配式结构工程质量进行检验，可以有效监督工程质量，保障建筑结构的安全。

在具体的质量检验时，需要明确装配式建筑的常见问题以及重要的控制要点，以便有针对性的对各环节开展检验工作。

装配式混凝土预制构件均在加工厂预制完成，运输到相应位置进行拼装（图6-1）。

图 6-1　预制叠合楼板的装配施工

现场装配精度的控制，分为现浇部分和预制构件装配部分。对于现浇部分也要进行合理的尺寸控制，包括垂直度等，吊装、定位时应该随时进行微调，确保构件正中且准确，各项指标符合设计要求。

6.2 装配式混凝土结构施工质量常见问题及控制要点

由于装配式混凝土建筑工程具有施工量小、工序流程简单、施工效率高等特征，施工的主要内容为将预制的各类建筑预制构件运输进场并进行装配作业即可。一般情况下，装配式混凝土建筑工程中，常见施工质量问题主要集中于预制构件生产、物流运输、施工安装阶段。各阶段的施工环节具有不同特点，因此其控制要点也不尽相同。

6.2.1 预制构件生产质量控制要点

预制件在制造时，依据对应设计图进行施工。在开始制作时，质量控制要点主要是原材料的市场准入性和设计符合性。着重进行砂石、钢筋、钢制成品件以及相关连接件和预埋件的质量证明文件查看和原料质量抽检工作。对无法提供质量证明文件或者质量证明文件不合格的一律禁止使用，质量抽检过程中发现不合格品，按照相关质量检测程序进行翻倍复检或者隔离。在重要建筑构件使用过程中，质量检验报告可以不随构件直接进场，但预制件生产厂家需要保留检测报告，以便随时调用。

钢筋连接件、预埋件和吊装装置同样是预制部件中影响建筑质量的重要构件，需要重点检测（图6-2）。生产前，工厂首先要进行自检，完成后通知驻厂监理进行隐蔽工程核验，然后进行生产。制造完成后进行养护工作，然后对其进行质量检测。检测内容包括：钢筋连接件主要进行强度试验，预埋件进行外观尺寸检测，吊装装置进行抗拉试验检测。所有检测必须形成正式检测报告。对于装配式建筑的预制件，在生产阶段的质量检测点主要是影响预制件质量及使用功能的工序，检测手段一般是各种理化实验，并要求形成对应的报告，保证各预制件生产阶段的质量。

图 6-2 预制叠合板钢筋布置

6.2.2 物流运输阶段质量控制要点

预制件在工厂完成后需要运输到对应建筑工地进行安装，运输过程同样要做好检测工作。运输过程包括预制件的吊装、装车、运输以及卸装和堆放等。物流运输阶段的检测要点是成品的保护状态（图 6-3）。按照成品件的使用性质以及外形结构，制定相应的运输方案。对预制件的吊装位置、装车顺序和堆放要求做出规定，防止吊装错误、运输颠簸以及堆放错误等造成预制件的破损和变形，从而影响功能件的使用性能。预制件现场吊装吊具的选择必须与吊装物件的最大重量、最大尺寸和吊装最大高度等参数相匹配。为确保预制件在吊装过程中稳定安全，吊装时除了吊具外，还要使用临时支撑体系，这一体系在使用时必须经过专业检验，且在吊装完成后，下次使用前，需重新标定水平度和垂直度，校验合格后方可再次使用。

图 6-3 预制剪力墙的运输

经过长期实践，预制件堆放错误是影响预制件使用的主要因素。预制件在运输以及工地的堆放过程中需要根据不同结构和材料进行不同的分类堆放。对堆放的层数、方式等都需要进行合理的力学计算与测试，确保堆放安全。

6.2.3 施工安装阶段质量控制要点

装配式建筑在施工阶段质量控制点主要有：预制件连接点的选择、预制件的安装固定、套筒灌浆施工以及连接节点浇筑等。预制件在使用前，一定要进行质量文件的检查工作，保证预制件的可用性，尤其要检测预制件的尺寸偏差和结构质量。对预制件中的预制梁和预制板等承重结构件的结构进行质量检查时，主要关注其与其他结构件连接部位的尺寸偏差以及连接承载强度等。在预制墙板等建筑分隔件装配施工中，要特别检测连接处的对接质量以及防水性能等；对于整体建筑，检测重点应该是建筑的垂直度和沉降情况。

另外对施工方施工方案的检查也是施工安装阶段质量控制的要点。施工方应该具有法律规定的相关承包资质，并能按照规定严格执行分包程序；针对装配式混凝土结构构件的施工阶段编制对应的质量保证方案并及时检查执行情况；对进场使用的各种预制件以及其他原材料和结构件，施工方都应严格把控质量，必要时委托第三方进行性能检测并出具报告，报告要长期保存，便于检测方随时调用。在装配式建筑施工过程中（图 6-4），吊装过程也需要给予足够重视，出现较多问题的方面也是过程质量检测的侧重点，主要内容如下：

图 6-4　预制叠合楼板吊装施工

（1）检测预制件尺寸与设计图纸中尺寸的偏差。

在施工过程中经常会出现由于预制件制造厂设备或者成本原因，预制结构件尺寸较图纸小，导致了运输成本的增加以及连接部位的增多。

（2）检测各预制件之间连接部位的施工质量。

预制件连接处工艺的合理性很大程度上决定了建筑的整体质量。由于多方面原因，导致连接处连接质量不满足设计要求甚至出现漏水的情况，这种情况在施工现场时有发生。

（3）检测预制件的拼装顺序。

由于预制件的提前制造，装配式结构的施工周期得到了大幅度缩减，极大地减少了施工过程中的因浇筑以及固化而产生的成本。与此同时，装配拼接顺序的正确性成了施工中最需要关注的工艺检测点。因为装配顺序而导致的返工，最直接的损失可能是预制件的废除，无论对建筑成本还是建筑周期，都是极其不利的。

（4）检测建设工程的整体匹配性。

装配式结构件筑的建造过程是一个系统性的工程，从设计方案的确定到预制件的制造，从结构件的运输到现场施工，与传统建筑建设过程相比，各环节之间的关联性更强。往往一个环节质量问题没有及时解决，都会波及后续环节，甚至是整个建筑的质量。

6.3 装配式混凝土结构施工质量检验

6.3.1 施工质量验收依据与划分

施工质量验收与划分在装配式混凝土的不同时期有所差异，检验依据为现行《混凝土结构工程施工质量验收规范》GB 50204。其中，检验内容包括：装配式混凝土预制构件制作质量检验；装配式混凝土预制构件安装过程的质量检验；装配式混凝土结构灌浆项目质量检验。

1. 装配式混凝土预制构件制作质量检验

预制构件质量检验包括：（1）预制构件模板安装检验；（2）构件制作检验；（3）构件质量检验。

模具拼装应牢固、尺寸准确、拼装严格、不漏浆，组装完成后尺寸允许偏差应符合表6-1要求，因在浇筑过程振捣时，会出现胀模现象，要求净尺寸比构件缩小1～2mm。并对所有生产模具进行检查，在模具尺寸满足要求后才能投入使用。模板、钢筋网或钢筋骨架、预埋件和预留孔洞安装允许偏差参考表6-1～表6-3。构件质量浇筑完成后，还应对构件外观及尺寸进行检验，具体参考现行《混凝土结构工程施工质量验收规范》GB 50204。

预制构件尺寸允许偏差及检验方法　　　　　　　　　　表 6-1

项目		允许偏差(mm)	检验方法
长度	楼板、梁、柱桁架 <12m	±5	尺量
	楼板、梁、柱桁架 ≥12m 且<18m	±10	
	楼板、梁、柱桁架 ≥18m	±20	
	墙板	±4	
宽度、高(厚)度	楼板、梁、柱、桁架	±5	尺量一端及中部，取其中偏差绝对值较大处
	墙板	±4	
表面平整度	楼板、梁、柱、墙板内表面	5	2m靠尺和塞尺量测
	墙板外表面	3	
侧向弯曲	楼板、梁、柱	$L/750$ 且≤20	拉线、直尺量测最大侧向弯曲处
	墙板、桁架	$L/1000$ 且≤20	
翘曲	楼板	$L/750$	调平尺在两端量测
	墙板	$L/1000$	
对角线差	楼板	10	尺量两个对角线
	墙板	5	

注：L 为构件长度，单位为"mm"。

项目		允许偏差（mm）	检验方法
绑扎钢筋网	长、宽	±10	尺量
	网眼尺寸	±20	尺量连续三档，取最大偏差值
绑扎钢筋骨架	长	±10	尺量
	宽、高	±5	尺量
纵向受力钢筋	锚固长度	−20	尺量
	间距	±10	尺量两端、中间各 1 点，取最大偏差值
	排距	±5	
纵向受力钢筋、箍筋的混凝土保护层厚度	基础	±10	尺量
	柱、梁	±5	尺量
	板、墙、壳	±3	尺量
绑扎钢筋、横向钢筋间距		±20	尺量连续三档，取最大偏差值
钢筋弯起点位置		±20	尺量，沿纵、横两个方向量测，并取其中偏差的最大值
预埋件	中心线位置	5	尺量
	水平高差	+3，0	塞尺量测

预埋件和预留孔洞的安装允许偏差　　　　　　表 6-3

项目		允许偏差（mm）	检验方法
预埋板中心线位置		3	
预埋管、预留孔中心线位置		3	
插筋	中心线位置	5	
	外露长度	+10，0	
预埋螺栓	中心线位置	2	观察，尺量
	外露长度	+10，0	
预留洞	中心线位置	10	
	外露长度	+10，0	

注：检查中心线位置时，沿纵横两个方向量测，并取其中差值的较大值。

2. 装配式混凝土预制构件安装过程的质量检验

预制构件安装过程质量检验包括：①混凝土预制构件进场检验；②构件吊装检验。

（1）混凝土预制构件进场检验

① 混凝土预制构件进场检验内容

参照国家标准《混凝土结构工程施工质量验收规范》GB 50204—2015 进行外观质量检测，确定没有严重缺陷和一般缺陷，尺寸偏差符合表 6-4 的规定。

② 预制构件的预埋件、预留插筋、预埋管线、预留孔、预留洞等应符合设计要求。

③ 粗糙面质量及键槽数量符合设计要求。

④ 预制构件标识清晰。

表 6-4

项目			允许偏差(mm)	检验方法
长度	楼板、梁、柱、桁架	＜12m	±5	尺量
		≥12m且＜18m	±10	
		≥18m	±20	
	墙板		±4	
宽度、高(厚)度	楼板、梁、柱、桁架		±5	尺量一段及中部，取其中偏差绝对值较大处
	墙板		±4	
表面平整度	楼板、梁、柱、墙板内表面		5	2m靠尺和塞尺量测
	墙板外表面		3	
侧向弯曲	楼板、梁、柱		$L/750$ 且≤20	拉线、直尺量测最大弯曲处
	墙板、桁架		$L/1000$ 且≤20	
翘曲	楼板		$L/750$	调平尺在两端量测
	墙板		$L/1000$	
对角线	楼板		10	尺量对角线
	墙板		5	
预留孔	中心线位置		5	尺量
	孔尺寸		±5	
预留洞	中心线位置		10	尺量
	洞口尺寸、深度		±10	
预埋件	预埋板中心线位置		5	尺量
	预埋板与混凝土面平面高差		−5，0	
	预埋螺栓		2	
	预埋螺栓外露长度		−5，10	
	预埋套筒、螺母中心线位置		2	
	预埋套筒、螺母与混凝土面平面高差		±5	
预留插筋	中心线位置		5	尺量
	外露长度		−5，10	
键槽	中心线位置		5	尺量
	长度、宽度		±5	
	深度		±10	

注：1. L 为构件长度；

    2. 检查中心线、螺栓和孔道位置偏差时，沿纵横两个方向量测并取其中偏差较大值。

（2）预制混凝土构件吊装检验

预制混凝土构件吊装时主要进行如下检查：

① 检查预留钢筋位置长度是否准确，并进行修整；

② 检查墙板构件预埋注浆管位置、数量是否正确，清理注浆孔，确保畅通；

③ 检查构件中预埋吊环边缘混凝土是否破损开裂，吊环本身是否开裂断裂；楼地面、

接缝处的石子等杂物是否清理干净。

④ 在墙板安装部位放置垫片。

3. 装配式混凝土结构实体检验

在对装配式混凝土构件前期制作及安装过程进行检验后，对涉及装配式混凝土结构安全等具有代表性的部位进行关键项目的质量检验，确保各构件之间的有效连接。关键项目的质量检验将在下一节中详细说明。

6.3.2 装配式混凝土结构关键项目质量检验

科研人员对装配式混凝土结构重要项目的检测技术进行研究，并应用于实际工程，部分方法也被纳入相关规范。本节主要对以下项目的检测技术进行相关叙述：（1）后浇混凝土强度检测；（2）灌浆套筒灌浆料检测；（3）结构工程混凝土缺陷检测。

1. 后浇混凝土强度检测

混凝土强度是混凝土材料承受压缩荷载的能力，是混凝土材料重要的力学指标之一。混凝土在浇筑过程、使用中受施工工艺或环境等因素影响，其抗压强度存在一定离散性及不同程度的降低。对混凝土抗压强度进行有效检测，对保证结构应有功能具有关键作用。

混凝土抗压强度的检测方法有很多，分为无损检测方法和破损检测方法。无损检测包括回弹法、超声回弹法、冲击弹性波法等，钻芯法是破损检测的代表方法。对混凝土强度的检测，其核心是各项参数与抗压强度之间测强曲线的相关性，相关性越高，检测结果越可靠，反之亦反。另外，为了提高各检测方法的检测精度，有必要对各检测方法的检测原理、影响因素、特点、操作要点、方法对比等方面进行全面掌握。本书主要对回弹法进行介绍。

回弹法是检测混凝土强度常见方法。回弹仪是一种机械式的测试方法，测试时弹击杆与被测面垂直，通过记录弹击混凝土表面后的回弹值，进而获知混凝土表面强度。该方法被广泛用于建筑、交通、水利等行业，是用来获取混凝土表层强度的无损检测方法。根据其冲击能量的大小分为重型回弹仪、中型回弹仪、轻型回弹仪、特轻型回弹仪。按照显示方式可分为数显示回弹仪、刻度显示回弹仪等。

普通混凝土抗压强度为 10～60MPa 时，一般采用中型回弹仪；混凝土抗压强度等级大于等于 60MPa 时，宜采用重型回弹仪。轻型回弹仪主要用于一般轻质建筑材料，如对烧结普通砖强度等级的测定。

（1）回弹仪基本构造及基本原理

经过发展，回弹仪在回弹值的记录方式、数据处理方面具有较大的进步，降低了检测人员的劳动强度。其基本构造与刻显式回弹仪基本一致，其内部构造参考图 6-5。

为了使回弹仪在工作时，具有一定的弹击能量，检测时，将弹击杆缓慢压入仪器内部，拉簧被拉伸，使得弹击锤具有一定的势能 E。当弹击杆处于水平时，其冲击能量为：

$$E = \frac{1}{2}KL^2 = 2.207\text{J} \tag{6-1}$$

式中　K ——弹击拉簧的刚度，为 785.0N/m；

　　　L ——弹击拉簧工作时拉伸长度，为 0.075m。

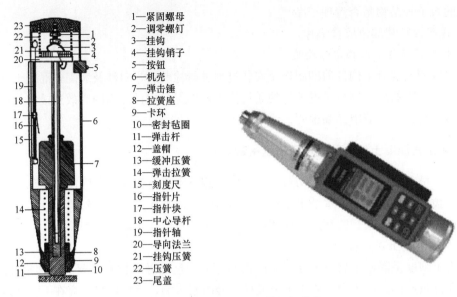

1—紧固螺母	13—缓冲压簧
2—调零螺钉	14—弹击拉簧
3—挂钩	15—刻度尺
4—挂钩销子	16—指针片
5—按钮	17—指针块
6—机壳	18—中心导杆
7—弹击锤	19—指针轴
8—拉簧座	20—导向法兰
9—卡环	21—挂钩压簧
10—密封毡圈	22—压簧
11—弹击杆	23—尾盖
12—盖帽	

图 6-5　回弹仪构造图及数显回弹仪

当弹击杆压入仪器内部时，使弹击锤脱钩，弹击锤与弹击杆的尾部碰撞。此时，弹击锤释放出来的能量通过弹击杆传递给被测对象，被测对象的弹性变化借助弹击杆传递给弹击锤，使弹击锤获得回弹的能量后弹回，计算弹击锤回弹的距离 L' 和弹击锤脱钩前距弹击杆后端平面的距离 L 之比，即得回弹值 R，通过数显显示出来（图 6-6）。

$$R = L'/L \times 100 \qquad (6\text{-}2)$$

式中　R——回弹值；

　　　L'——弹击锤向后弹回的距离；

　　　L——冲击前弹击锤距弹击杆的距离。

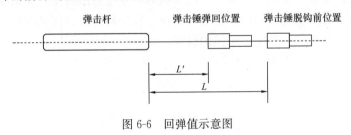

图 6-6　回弹值示意图

（2）回弹仪现场测试

① 测区和测点布置

测试前，按照规范要求在构件表面布置测区。测区是指在构件表面布置的测试区域。《回弹法检测混凝土抗压强度技术规程》JGJ/T 23—2011 对此测区布置的规定如下：

a. 取一个结构或构件作为检测混凝土强度的最小单元，测区不少于 10 个；

b. 测区的尺寸为 0.2m×0.2m，测点间距不小于 3cm，测点与结构边缘或接缝的距离应不小于 5cm；

c. 测区表面应清洁、平整、干燥，不应有接缝、疏松层、饰面层、粉刷层、浮浆、油垢、蜂窝麻面等，必要时可采用砂轮清除疏松层和杂物；

d. 测区宜均匀布置在构件或结构的检测面上，相邻测区间距不宜过大。构件或结构的受力部位及易产生缺陷部位（如梁与柱相接的节点处）须布置测区；

e. 测区优先考虑布置在混凝土的浇筑侧面；测区须避开混凝土表层附近的预埋件。

② 回弹值的测定

布置测区后，即可进行回弹值的测试。测试时，回弹仪弹击杆应与测试面垂直，测点位置应避开气孔及石子等位置。当被测对象具有两个对称面时，应分别在对称面各布置 8 个测点，如被测结构只有一个测面时，则需要测试 16 个点。在同一测点只允许弹击一次，每一测点的回弹值读数应精确至 1mm。

③ 碳化深度修正

回弹值测试的是混凝土的表层强度，因此受混凝土结构的表面状况影响。另外，混凝土临空面受酸性气体（如二氧化碳）的影响，龄期超过 3 个月的硬化混凝土的表面即有可能发生碳化现象，因此，超过一定时间的硬化混凝土应进行碳化深度测试及修正。

碳化深度测试位置的选择，应选择具有代表性且不少于 30% 测区位置进行测量，取所测结果平均值作为该构件的碳化深度值。测试时，首先在测区位置凿孔并形成直径约为 15mm 的孔洞，并清除孔中粉末和碎屑（注意不能用液体冲洗孔洞），再用 1% 的酚酞酒精溶液滴在混凝土孔洞内壁的边缘处，当已碳化与未碳化界线清楚时，再用碳化深度测量仪或其他深度测量工具（如游标卡尺）测量。每个位置测量 3 次，每次读数应精确至 0.01mm，以 3 次检测值的平均值作为该测区的碳化深度，精确到 0.5mm。

（3）回弹数据的处理

回弹法检测结果的数据处理，应按照规范对测试结果进行角度修正、浇筑面修正，并结合碳化深度修正回弹值。

混凝土强度测试方法，由于检测采用的信号源不同，其检测的参数也不同，检测强度所代表的实际情况也有差异（表 6-5）。应根据需求并结合检测方法的特点合理选择检测方法。必要时，可以采用多种方法综合应用，以达到最佳效果。

混凝土强度测试方法对比 表 6-5

方法	测试内容	优点	缺点	备注
回弹法	测定混凝土表面硬度	测试方法简单、快速，测试费用低	影响因素多，且要求混凝土内部和表面均匀	应用最广泛
冲击弹性波法	测定弹性波在混凝土中的传播速度	检测效率高、测试范围和适用性广、精度高，发展潜力大	缺少行业规范的支撑	发展迅速
超声回弹综合法	测定混凝土表面硬度及超声波在混凝土中的传播速度	理论上，测试精度比单一的回弹或超声法高	测试效率低，测强曲线适用性差，影响因素多	应用较少
钻芯法	在混凝土位置钻取芯样	测试结果准确、结果可靠	代表性差，对结构有损坏，受钢筋影响较大，芯样受加工水平影响较大	主要检测手段

2. 灌浆套筒灌浆料检测

目前，在装配式结构中，构件之间的连接方式主要采用灌浆套筒连接两个部件。构件在浇筑过程中，套筒预埋于构件内部，套筒注浆属于隐蔽工程。而注浆质量与建筑物的抗震及受力性能直接相关，因此确保套筒注浆质量是保证装配式结构安全的重要前提。注浆套筒连接件结构为金属和非金属介质交替结构，如图 6-7 所示。

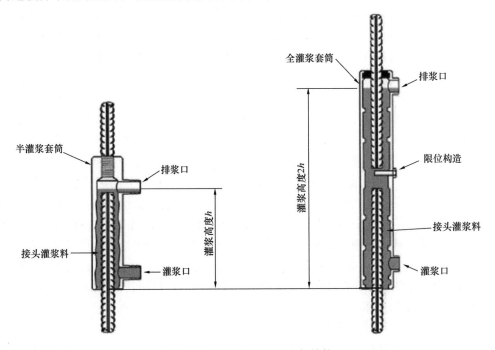

图 6-7　套筒灌浆类型及内部结构

目前，因结构的特殊性套筒灌浆料饱满度检测故而具有一定难度。研究人员研发了相应的检测方法，如超声波法、X 射线工业 CT 法、阻尼振动法、X 射线法、预埋钢丝拉拔法、冲击弹性波法等方法。其中，近年来出现的以冲击弹性波为基础的检测方法，对套筒灌浆质量的检测，通过室内及现场应用，具有较好的效果，并已经被写入规范。本书仅对冲击弹性波法进行详细介绍。

目前，基于冲击弹性波法的检测技术已广泛用于交通领域的预应力桥梁结构，能够有效对孔道注浆质量进行检测，并已经形成了相应规范。该方法已经写入建筑领域孔道注浆质量检测规范——《冲击回波法检测混凝土缺陷技术规程》JGJ/T 411—2017。该方法被称为对套筒注浆质量检测最具有发展前途的现场无损检测方法。

（1）基本原理

该方法的基本原理为：利用击振器（通常为钢球）冲击混凝土表面，冲击产生的弹性波（主要是纵波）被位移或者加速度感应器接收，通过相关软件对传感器接收的信号进行频谱分析（快速傅里叶变换 FFT 及最大熵法 MEM），获得结构底部反射时间的频谱曲线，根据底部反射时间的长短即可判定套筒内部的注浆质量（如图 6-8～图 6-10）。

现场检测时，在套筒位置激振并接收信号，当套筒内部出现灌浆缺陷时，反射信号会出现以下现象：

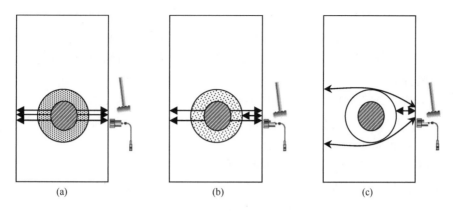

图 6-8　冲击弹性波法测试原理

（a）灌浆密实；（b）灌浆有缺陷；（c）未灌浆

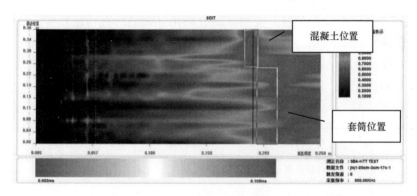

图 6-9　套筒灌浆不密实

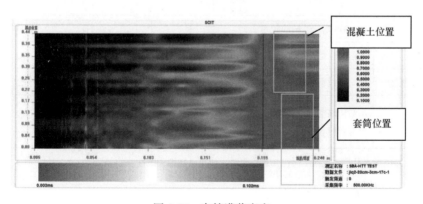

图 6-10　套筒灌浆密实

① 激振的弹性波在套筒位置的反射时间比套筒灌浆密实部位的反射时间长。因此，等效波速（2 倍板厚/梁高对面反射来回的时间）就显得更慢（即冲击弹性波等效波速法 IEEV 的理论基础）；

② 当激振信号产生的结构自由振动的半波长与缺陷的埋深接近时，缺陷反射与自由振动可能产生共振的现象，使得自由振动的半波长趋近于缺陷埋深（即共振偏移法，IERS 法的理论基础）。

目前，对套筒注浆密实度的检测，主要是基于第①条的现象进行检测，应用于被测构件内部只有一根套筒时，测试面的对侧面明确，应用对象包括预制墙等厚度较薄的且内部只有一根套筒的情况。而第②条主要应用于体积较大的预制柱等结构的注浆检测。

（2）检测特点

上述 2 种方法均采用同一数据和同一频谱分析，仅在云图上有所不同。一般而言，IEEV 法适合于壁厚较小且仅有一根套筒，底部反射明显的情形。而 IERS 法则相反，适合于壁厚较大，底部反射不明显的情形。

利用冲击弹性波法检测套筒注浆质量，具有如下特点：

① IEEV 法测试精度高，但测试速度较慢，测试效率相对较低；

② 当缺陷的尺寸 d 和壁厚 T 比为 $0.3 \sim 1.5$ 时，可以检出缺陷及底板；当缺陷的尺寸 d 和壁厚 T 比为小于 0.3 时，难以检测出缺陷；当缺陷的尺寸 d 和壁厚 T 比大于 1.5 时，可以检出缺陷，但无法检出底板；

③ 当边界条件复杂（拐角处）或测试面有斜角（如底部有马蹄）时，测试精度会受较大影响，应调整测试方向。

检测方式涉及较广，在现场检测时，需要结合检测便捷性、精准度、安全性等方面综合考虑（表 6-6）。

套筒注浆质量检测方法对比

表 6-6

方法	测试内容	缺陷检出能力	检测安全性、便捷性	代表性
超声法	超声声速	差	中	中
X 射线工业 CT 法	信号在结构内部的衰减及分布	优	中	优
阻尼振动法	预埋钢丝的振动频率	良	良	中
X 射线	信号在结构内部的衰减	优	中	优
预埋钢丝拉拔法	预埋钢丝拔出强度	优	中	中
冲击弹性波法	结构临空面反射速度及与套筒表面的共振频率	优	优	优

注：代表性指施工人员是否在施工时已知被检套筒，如果已知则代表性差。

3. 结构工程混凝土缺陷检测

因预制构件中钢筋非常密集，在一定程度上给施工振捣等带来困难，在构件内部会出现离析、空洞等情况。这类缺陷对结构的耐久性、强度等方面会产生不利影响。因此有必要对预制构件内部的混凝土质量进行检测。检测时，根据结构的体积及测试面的具体情况，选择不同的测试方法。

根据检测作业面，检测方法分为单面反射法和双面透射法，根据检测介质的不同分为冲击弹性波、雷达、超声波、超声阵列检测法、等效波速法等方法（表 6-7）。本书仅对双面透射检测进行详细介绍。

混凝土内部缺陷检测方法   表 6-7

方法	检测媒介	代表方法
单面反射法	冲击弹性波	冲击回波法 IE
	超声波、超声阵列法	U-E
	微波	雷达法 GPR
双面透射法	超声波、弹性波	

对于具有双面（最好为平行面）的混凝土结构，可以采用双面透过的方法对结构内部进行检测，其检测结果可靠度高。根据激发的介质及检测面的状态，双面检测的方法可以分为：

① 检测媒介：超声波、冲击弹性波；

② 检测面：自然临空面、孔内；

③ 测线：平行测线、交叉测线。

（1）基本原理

超声波与弹性波均属于声波范畴，因此对混凝土结构内部进行检测，依据的基本原理如下：

① 波速：当混凝土结构存在缺陷时，声波信号在该路径的传播会产生绕射，导致传播时间增加，相应的声速将会降低，因此可根据检测的声速变化来对缺陷进行判定，该方式为缺陷判定最基础和最主要的识别方法；

② 振幅：当混凝土结构内部存在缺陷时，声波信号在交界面不可避免地发生反射和散射，对向的接收探头拾取到的能量（振幅）将减小，依据接收信号的振幅可对结构内部缺陷进行判定；

③ 频率：声波信号在传播时，遇到缺陷导致信号发射衰减，远端接收到的信号频率会降低，对接收信号进行频谱分析，依据频率或主频的变化来判断缺陷；

④ 波形畸变：声波信号途径混凝土缺陷部位时，声波的相位变化，不同相位的声波叠加后，造成接收信号波形畸变，可参考畸变波形分析判断缺陷。

在对混凝土进行检测时，当混凝土结构的龄期、浇筑工艺、检测距离相差不大时，测得的传播速度、振幅、频率等主要参数，相差不大。当混凝土结构内部存在缺陷时，混凝土的整体性遭到破坏，导致声学参数的变化，根据相应参数的变化，即可判定混凝土内部的缺陷情况。

（2）超声波和冲击弹性波

超声波和冲击弹性波，在激发方式及机理等方面存在差异，产生的信号在频率等方面有很大的不同。对混凝土结构进行双面透射法检测时，超声波和冲击弹性波对缺陷的分辨率及检测范围各有所长（表 6-8）。

混凝土内部缺陷检测方法   表 6-8

项目		超声波	冲击弹性波
激发信号	能量	低	强
	频率	高	低
	频率一致性	好	一般

项目		超声波	冲击弹性波
分辨力	对于小缺陷	识别能力强	识别能力弱
	受钢筋、骨料影响	较大	小
检测内容	缺陷的大小、位置	可	可
	混凝土材质	一般不可	可
检测作业	检测距离	0.1~1m	0.5~100m
	耦合 临空面	黄油、凡士林等	人工压着
	孔内	水	气囊等机械式压着

对混凝土结构进行双面检测时，当被检测结构体积较大时，应采用的媒介为冲击弹性波，当被测对象体积较小，或需要对细微缺陷进行检测时，则选择超声波。

在混凝土内部缺陷检测方法中，由于结构的形式及采用检测媒介的不同，其检测能力和检测范围各有差异（表6-9）。

混凝土内部缺陷测试方法对比 表6-9

结构形式	方法	最大检测范围	缺陷检出能力	备注
单面结构	冲击回波法	0.08~1m	优	
	超声阵列检测法	0.2m	优	
	雷达法	可达数米	一般	特别是钢筋混凝土，在钢筋较密时检测结果较差
双面结构	超声波、跨孔超声波	约1m	好	
	弹性波、跨孔弹性波	约100m	好	

6.4 工程施工验收资料

在装配式工程验收时，应提供的资料包括但不限于：①工程设计单位已确认的预制构件深化设计图、设计变更文件；②装配式结构工程所用主要材料相关质量证明文件；③预制构件检验批、安装连接检验批、剪力墙结构分项等质量验收记录；④各种钢筋套筒连接接头试件型式检验报告；⑤钢筋套筒灌浆连接接头工艺检验报告；⑥叠合构件和节点的后浇混凝土或灌浆料强度检测报告；⑦工程的重大质量问题的处理及验收记录；⑧其他文件和记录。在装配式结构工程质量验收合格后，应将所有的验收文件归入混凝土结构子分部工程存档备案。在工程办理完相关手续后，将工程交付业主。

6.4.1 预制构件质量检验验收记录表

（1）预制构件检验批质量验收记录（表6-10）

预制构件检验批质量验收记录

表 6-10

编号：

单位(子单位) 工程名称				分部(子分部) 工程名称				分项工程名称		
施工单位				项目负责人				检验批容量		
分包单位				分包单位 项目负责人				检验批部位		
施工依据					验收依据					

	验收项目			设计要求与 规范规定	样本 总数	抽样 数量	检查记录	检查结果
主控项目	1	预制构件质量		GB 50204 第9.2.1条				
	2	结构性能检验		GB 50204 第9.2.2条				
	3	外观质量缺陷及尺寸偏差		GB 50204 第9.2.3条				
	4	预埋件、插筋、预留孔洞		GB 50204 第9.2.4条				
一般项目	1	构件标识		GB 50204 第9.2.5条				
	2	外观质量一般缺陷		GB 50204 第9.2.6条				
	3	粗糙面质量和键槽数量		GB 50204 第9.2.8条				
	4	长度 偏差 (mm)	楼板、 梁、柱	$<$12m	±5			
				≥12m 且<18m	±10			
				≥18m	±20			
			墙板	±4				
	5	宽度、 高(厚) 度偏差 (mm)	楼板、梁、柱	±5				
			墙板	±4				
	6	表面平 整度 (mm)	楼板、梁、柱、墙板 内表面	5				
			墙板外表面	3				
	7	侧向弯 曲(mm)	楼板、梁、柱	$L/750$ 且≤20				
			墙板	$L/1000$ 且≤20				
	8	翘曲 (mm)	楼板	$L/750$				
			墙板	$L/1000$				

193

	验收项目		设计要求与规范规定	样本总数	抽样数量	检查记录	检查结果
一般项目	9	对角线（mm） 楼板	10				
		墙板	5				
	10	挠度变形 梁、板设计起拱	±10				
		梁、板下垂	0				
	11	预留孔（mm） 中心线位置	5				
		孔尺寸	±5				
	12	预留洞（mm） 中心线位置	10				
		洞口尺寸、深度	±10				
	13	门窗口 中心线位置	5				
		宽度、高度	±3				
	14	预埋件（mm） 预埋板中心线位置	5				
		预埋板与混凝土面平面高差	0，−5				
		预埋螺栓中心位置	2				
		预埋螺栓外露长度	+10，−5				
		预埋套筒、螺母中心线位置	2				
		预埋套筒、螺母与混凝土面平面高差	±5				
		线管、电盒、木砖、吊环与构件平面的中心线位置偏差	20				
		线管、电盒、木砖、吊环与构件表面混凝土高差	0，−10				
	15	预留插筋(mm) 中心线位置	5				
		外露长度	+10，−5				
	16	键槽（mm） 中心线位置	5				
		长度、宽度	±5				
		深度	±10				

施工单位检查结果	专业工长： 项目专业质量检查员：　　年　月　日
监理单位验收结论	专业监理工程师：　　年　月　日

注：1. L 为构件长度，mm；

2. 检查中心线、螺栓和孔道位置偏差时，沿纵、横两个方向量测，并取其中偏差较大值。

（2）装配式混凝土剪力墙结构安装与连接检验批质量验收记录（表6-11）

装配式混凝土剪力墙结构安装与连接检验批质量验收记录　　　　表6-11

编号：

单位(子单位)工程名称					分部(子分部)工程名称			分项工程名称	
施工单位					项目负责人			检验批容量	
分包单位					分包单位项目负责人			检验批部位	
施工依据						验收依据			

		验收项目			设计要求与规范规定	样本总数	抽样数量	检查记录	检查结果
主控项目	1	预制构件临时固定措施			GB 50204第9.3.1条				
	2	套筒灌浆饱满、密实，材料及连接质量			GB 50204第9.3.2条				
	3	钢筋焊接连接接头性能与质量			GB 50204第9.3.3条				
	4	钢筋机械连接接头性能与质量			GB 50204第9.3.4条				
	5	焊接、螺栓连接的材料性能与施工质量			GB 50204第9.3.5条				
	6	预制构件连接部位现浇混凝土强度			GB 50204第9.3.6条				
	7	安装后外观质量			GB 50204第9.3.7条				
	8	底部接缝坐浆强度			JGJ 1第13.2.4条				
一般项目	1	外观质量一般缺陷			GB 50204第9.3.8条				
	2	轴线位置	竖向构件(柱、墙板)		8				
			水平构件(梁、楼板)		5				
	3	标高	梁、柱、墙板、楼板底面或顶面		±5				
	4	构件垂直度	柱、墙安装后的高度	≤6m	5				
				>6m	10				
	5	构件倾斜度	梁		5				
	6	相邻构件平整度	梁、楼板底面	外露	3				
				不外露	5				
			柱、墙板	外露	5				
				不外露	8				

195

	验收项目		设计要求与规范规定	样本总数	抽样数量	检查记录	检查结果
一般项目	7	构件搁置长度 梁、板	±10				
	8	支座、支垫中心位置 板、梁、柱、墙板	10				
	9	墙板接缝宽度	±5				
施工单位检查结果			专业工长： 项目专业质量检查员：　　年　月　日				
监理单位验收结论			专业监理工程师：　　年　月　日				

6.4.2 接头试件型式检验报告

接头试件型式检验报告应包括基本参数和试验结果两部分，见表6-12、表6-13。

钢筋套筒灌浆连接接头试件型式检验报告（基本参数）　　　　表6-12

接头名称			送检日期			
送检单位			试件制作地点/日期			
接头试件基本参数	连接件示意图(可附页)		钢筋牌号			
			钢筋公称直径(mm)			
			灌浆套筒品牌、型号			
			灌浆套筒材料			
			灌浆料品牌、型号			
灌浆套筒设计尺寸(mm)						
长度		外径	钢筋插入深度(短端)		钢筋插入深度(长端)	
接头软件实测尺寸						
试件编号	灌浆套筒外径(mm)		钢筋套筒长度(mm)	钢筋插入深度(mm)		钢筋对中/偏置
				短端	长端	
No.1						偏置
No.2						偏置
No.3						偏置
No.4						对中
No.5						对中
No.6						对中
灌浆料性能						
每10kg灌浆料加水量(kg)	试件抗压强度量测值 N/mm²					合格指标(N/mm²)
	1	2	3	4	5	6	7	
评定结论						

注：1. 接头试件实测尺寸、灌浆料性能由检验单位负责检验与填写。其他信息应由送检单位如实申报；
　　2. 接头试件实测尺寸中外径量测任意两个断面。

196

钢筋套筒灌浆连接接头试件型式检验报告（试验结果）   表 6-13

接头名称			送检日期		
送检单位			钢筋牌号与公称直径(mm)		
钢筋母材试验结果		试件编号	No. 1	No. 2	No. 3	要求指标
		屈服强度（N/mm²）				
		抗拉强度（N/mm²）				
试验结果	偏置单向拉伸	试件编号	No. 1	No. 2	No. 3	要求指标
		屈服强度（N/mm²）				
		抗拉强度（N/mm²）				
		破坏形式				钢筋拉断
	对中单向拉伸	试件编号	No. 4	No. 5	No. 6	要求指标
		屈服强度（N/mm²）				
		抗拉强度（N/mm²）				
		残余变形(mm)				
		最大力下总伸长率(%)				
		破坏形式				钢筋拉断
	高应力反复拉压	试件编号	No. 7	No. 8	No. 9	要求指标
		抗拉强度（N/mm²）				
		残余变形(mm)				
		破坏形式				
	大变形反复拉压	试件编号	No. 10	No. 11	No. 12	要求指标
		抗拉强度（N/mm²）				
		残余变形(mm)				
		破坏形式				
评定结果						
检验单位				试验日期	
试验员				试件制作监督人	
校核				负责人	

注：试件制作监督人应为检验单位人员。

197

6.4.3 接头试件工艺检验报告

接头试件工艺检验报告应按表 6-14 的格式记录。

钢筋套筒灌浆连接接头试件工艺检验报告　　　　　　　　　　　　表 6-14

接头名称				送检日期				
送检单位				试件制作地点				
钢筋生产企业				钢筋牌号				
钢筋公称直径				灌浆套筒类型				
灌浆套筒品牌、型号				灌浆料品牌、型号				
灌浆施工人及所属单位								
对中单向拉伸试验结果	试件编号			No. 1	No. 2	No. 3	要求指标	
	屈服强度(N/mm²)							
	抗拉强度(N/mm²)							
	残余变形(mm)							
	最大力下总伸长率(%)							
	破坏形式							
灌浆料抗压强度试验结果	试件抗压强度量测值(N/mm²)							28d 合格指标(N/mm²)
	1	2	3	4	5	6	取值	
评定结论								
检验单位								
试验员						校核		
负责人						试验日期		

注：对中单向拉伸检验结果、灌浆料抗压强度试验结果、检验结论由检验单位负责检验与填写，其他信息应由送检单位如实申报。

思 考 题

1. 预制构件安装检验有哪些注意事项？
2. 装配式混凝土结构建筑工程验收的主控项目包含哪些内容？
3. 装配式混凝土结构中浇筑二次混凝土之前，隐蔽工程验收应包括哪些内容？
4. 装配式混凝土结构施工质量常见问题及控制要点是什么？

码 6-1　第 6 章思考题
参考答案

第 7 章　装配式混凝土建筑 BIM 技术应用

【教学目标】

1. 了解 BIM 的概念、理念及优势。

2. 熟悉 BIM 技术与装配式技术相结合的意义。

3. 熟悉基于 BIM 技术的不同的装配式建筑软件的优缺点。

4. 掌握基于 BIM 模型的预制构件节点处理、钢筋碰撞检查、加工详图的生成、钢筋数据接力钢筋加工设备等的相关应用。

7.1　BIM　概　况

7.1.1　BIM 的概念

BIM 是 Building Information Modeling 的缩写，直译为建筑信息模型，于 20 世纪 70 年代在美国起源并逐步在全球一些发达国家得到发展。进入 21 世纪以来，随着计算机技术的迅猛发展，BIM 技术的应用也日趋成熟。目前国际上不同组织和科研机构对于 BIM 还没有给出统一的定义与解释。

国际标准组织设施信息委员会（FIC）将 BIM 定义为：BIM 是在开放的工业标准下对建筑物的物理特性、功能特性及其相关的项目全生命周期信息的可计算特性的形式表现，因此它能够为决策提供更好的支持，以便于更好地实现项目的价值。BIM 将所有的相关信息集成在一个连贯有序的数据库中，在得到许可的情况下，通过相应的计算机应用软件可以获取、修改或增加数据。

美国国家建筑科学协会（NIBS）将 BIM 定义为：BIM 是利用先进的数字技术，建立并存储建筑项目全生命周期的所有物理及功能特性的计算机信息模型，以便于业主和经营者利用信息进行建筑物全生命周期的维护。

我国《建筑信息模型应用统一标准》GB/T 51212—2016 中对 BIM 的定义为：在建设工程及设施全生命期内，对其物理和功能特性进行数字化表达，并依此设计、施工、运营的过程和结果的总称。

7.1.2　我们理解的 BIM

随着这几年 BIM 在行业内的逐步应用，人们不断发现它的优点，同时也为 BIM 赋予了新的概念。

建筑信息模型——传统、官方的概念。

建筑信息管理——这个概念体现了 BIM 的精髓，BIM 信息带来了完整、高效、科学的管理，这一点意义重大。

建筑信息传递——这种定义更体现了信息的机动性、灵活性、可传递性，同时也体现了 BIM 的最大意义为在建筑全生命周期的应用。

无论定义如何，都要特别重视"信息"一词，这才是 BIM 的根本。

总结：模型是基础，信息是根本，管理是精髓。BIM 就是传承、有序的信息载体。

另外，"建筑"一词也被某知名软件商扩展定义为"泛建筑"，即建筑模型信息传递要不仅局限于建筑本身，它的信息数据可以传递给任何有需要的行业使用，大到城市信息管理、地球地理信息，小到设备厂商、物业管理等，相信在不久的将来，这一切都会成真。

BIM 蕴含着诸多含义，而且还可以不断地被赋予新的概念和意义。

一个 BIM 模型不是个简单的立体三维模型，它还包含了以下的信息：

（1）第一类信息——建筑构造信息：比如墙体的各层材质、密度、热工信息等，这些信息有助于模拟建筑的能耗分析，给建筑的节能设计提供很好的数据基础；再比如框架梁和柱里面的配筋信息、荷载信息等，而这些信息是结构计算所必需的。

（2）第二类信息——建筑功能信息：比如说房间功能、面积体积、人员密度、冷热荷等，这些信息在建筑设计和暖通设计中是必要的计算和设计数据。

（3）第三类信息——机电设备信息：机电设备、管道系统、管件阀门、照明、消防系统等设备信息，这都是机电设计的主要内容。

（4）第四类信息——工程量信息：用于土建材料、机电设备、管道工程量的统计等，这些信息有利于对总体的造价进行控制。

以上几类信息是在建筑设计阶段完成的，对于传统设计来讲，传递这些信息的载体是图纸，通过文字和图形将这些内容进行表达。随着建筑形式的日益复杂，建筑信息量的不断增加，需要使用大量的文字和图形去描述这些复杂的建筑，一方面给设计人员带来麻烦，另一方面对业主和施工方读图也造成了很大的障碍。而 BIM 模型是依靠计算机数字化管理的，可以有效地解决上述问题，让模型去搭载建筑信息并传递到后续的施工运营维护以及后期改造等阶段。

BIM 模型并不是在设计阶段就结束了，随着过程的进行，还会有更多的信息被添加进来，比如施工进度的信息，也就是 4D 甚至 5D 施工模拟——4D 就是在 3D 的基础上加一个"时间"，5D 就是在 4D 的基础上再加一个"费用"。这些模拟可对施工进度的控制起到积极的作用。再有就是建筑本身的运营维护信息以及设备、设施的信息，在建筑全生命周期中，一些设备及构件是需要维护和更换的，在后期维护的时候，这些信息就可以提供很有力的帮助。

7.1.3 BIM 的优势

BIM 的优势有很多，在这里特别总结了最具代表性也是最突出的优势。

（1）可视化——BIM 最直观的优势

俗话说："眼睛是心灵的窗口"，人都首先愿意相信自己的眼睛，无论它是否会欺骗你，最直观的是最容易被人接受的，也是接受最快的。"可视化"的概念是指可以被眼睛直接察觉的事物或现象，可视化使"外行变成内行，内行成为专家，专家可以回家"，虽然这是句调侃，但其幽默地反映出可视化的作用确实意义非凡，能够把抽象的、需要大脑思维分析判断的事物转化为视觉直观地表达。

BIM 的可视化不仅体现在三维模型，能够把传统抽象的二维图纸自然地通过具象的三维模型被视觉感知，还体现在工程计算清单、用量、管理等方面，从而达到由难变易、由繁到简、深入浅出、由抽象到直观的目的，见图 7-1。

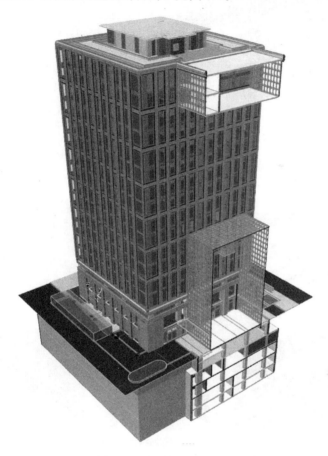

图 7-1　BIM 的可视化示意

（2）风险前置——BIM 最直接的优势

风险意味着什么？对于投资，风险意味着机遇，意味着高收益，同时也意味着可能有的损失；对于项目设计、施工建设来讲，风险只意味着损失，风险可以变成危险。

工程项目的风险不仅包括施工建设风险，还包括前期设计、销售策划风险，以及后期运维管理风险。所谓"风险前置"，就是在实施任务阶段前就能预知、预判出现风险的时间、地点以及类型等，从而采取有效应对措施和解决方案来化解风险的方法。施工建设中的风险为"显性风险"，前期设计和后期运维中的风险为"隐性风险"，发现和解决"隐性风险"在工程项目中尤其重要。

二维设计由于其本身设计手段的局限，错漏碰缺在所难免，人们更多的是根据以往项目的经验总结来进行弥补，这就属于前期设计中的"隐性风险"，而后期运维中的"隐性风险"则表现在设备运行的科学性、安全性和故障率等因素，它们往往更加难以被及时发现，而风险前置是 BIM 对项目最直接的优势，见图 7-2。

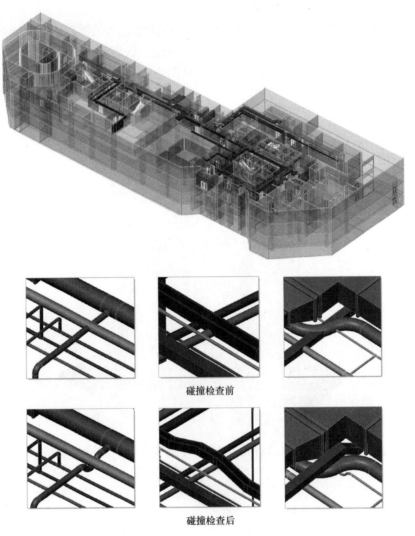

碰撞检查前

碰撞检查后

图 7-2　风险前置示意

通过 BIM 技术在计算机上完成三维建造模拟，尽早发现项目在施工等阶段存在的风险，以便及时采取主动措施规避风险，将风险控制在设计阶段。

（3）全生命周期——BIM 最大、最深远的优势

建筑的"全生命周期"是指建筑的有效使用年限内的时期，这是表层定义；而深层含义则包括了建筑从立项、策划到规划、设计、施工，再到运维管理的全过程。BIM 的应用从广义上可以涵盖并服务于建筑乃至城市的全生命周期，能够体现出可持续发展的深远意义（图 7-3）。

既然 BIM 是一次革命，就不应该局限于建筑设计行业内，而是全建筑业的革命。实现全生命期的关键就在于 BIM 模型的信息传递，在所有传递过程中间，管理就显得至关重要；施工、监理、建设方乃至后期的运营维护、物业管理方，工作流程、工作方式和人员配备都将产生变化，以形成真正有序的管理，只有这样，从管理上获取设计、施工乃至运维的收益，BIM 才能发挥出它最大、最深远的优势。

图 7-3 全专业 BIM 模型示意

7.2 BIM 技术与装配式建筑的融合

新型建筑工业化是通过新一代信息技术驱动，以工程全寿命期系统化集成设计、精益化生产施工为主要手段，整合工程全产业链、价值链和创新链，实现工程建设高效益、高质量、低消耗、低排放的建筑工业化。

《国务院办公厅关于大力发展装配式建筑的指导意见》（国办发〔2016〕71 号）印发实施以来，以装配式建筑为代表的新型建筑工业化快速推进，建造水平和建筑品质明显提高。为全面贯彻新发展理念，推动城乡建设绿色发展和高质量发展，以新型建筑工业化带动建筑业全面转型升级，打造具有国际竞争力的"中国建造"品牌。

装配式建筑是设计、生产、施工、装修和管理"五位一体"的体系化和集成化的建筑，而不是"传统生产方式＋装配化"的建筑，用传统的设计、施工和管理模式进行装配化施工不是建筑工业化。装配式建筑的核心是"集成"，BIM 方法是"集成"的主线。这条主线串联起设计、生产、施工、装修和管理的全过程，服务于设计、建设、运维、拆除的全生命周期，可以数字化虚拟、信息化描述各种系统要素，实现信息化协同设计、可视化装配、工程量信息的交互和节点连接模拟及检验等全新运用，整合建筑全产业链，实现全过程、全方位的信息化集成。

加快推进 BIM 技术在新型建筑工业化全寿命期的一体化集成应用，充分利用社会资源，共同建立、维护基于 BIM 技术的标准化部品部件库，实现设计、采购、生产、建造、交付、运营维护等阶段的信息互联互通和交互共享。试点推进 BIM 报建审批和施工图 BIM 审图模式，推进与城市信息模型（CIM）平台的融通联动，提高信息化监管能力，提高建筑行业全产业链资源配置效率。

通过数字化设计手段推进建筑、结构、设备管线、装修等多专业一体化集成设计，提高建筑整体性，避免二次拆分设计，确保设计深度符合生产和施工要求，发挥新型建筑工业化系统集成综合优势。

前面介绍了 BIM 技术的优势，现阶段的行业内非装配式建筑也非常有必要应用 BIM，但装配式建筑要加上几个"更"字，其原因主要为：

（1）装配式建筑集成性强

不同系统、专业、功能和单元的集成非常容易出错、遗漏和重复。

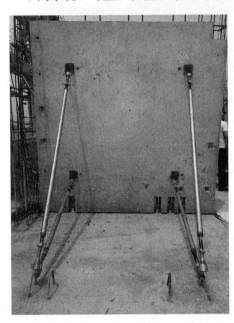

图 7-4　预制外墙上预埋件展示图

（2）装配式建筑施工精度要求高

现浇混凝土建筑的精度一般是以厘米计的，但装配式建筑构件的尺寸误差和预埋钢筋、套筒的位置误差都是毫米级的，超过 2mm 就无法安装。

（3）装配式建筑连接点多

结构构件之间的连接、其他各个系统部品部件间的连接，点位多，相关因素多，如图 7-4 所示。预埋件都必须在构件制作时准确埋置。

（4）宽容度低

现浇建筑设计如果出现"撞车"或"遗漏"问题，一般在现场浇筑混凝土前能够发现，就可以在现场解决。但装配式建筑构件是预制的，到现场发现问题时已经没有办法补救了。例如，预制构件里忘记埋设管线，或者埋设管线不准，到现场就很难处理。采用在构件上凿槽的办法，会把箍筋凿断或破坏保护层，带来结构的安全隐患。

（5）工序衔接要求高

装配式建筑预制构件生产与进场必须与现场安装的要求完全一致，并应当尽可能地直接从车上起吊安装，如此需要非常精确地衔接（图 7-5）。

图 7-5　预制构件进场直接安装

装配式建筑的以上特点，更需要设计部门各个专业、设计与制作施工环节，实现信息共享、全方位交流和密切协同，需要三维可视的检查手段，及全链条的有效管理和无缝衔接。

部件的大量工厂化生产制造，相对于施工现场现浇来讲，效率得到极大的提升，资源浪费被有效遏制，特别是作业人员的工作生活环境得到改善，同时对于部件生产所执行技术文件和生产质量精度控制都提出了更高更严的要求，工厂生产环节是装配式建筑建造中特有的环节，也是构件由设计信息变成实体的阶段。为了使预制构件实现自动化生产，集成信息化加工（CAM）和 MES 技术的信息化自动加工技术可以将 BIM 设计信息直接导入工厂中央控制系统，并转化成机械设备可读取的生产数据信息。通过工厂中央控制系统将 BIM 模型中的构件信息直接传送给生产设备自动化精准加工，提高作业效率和精准度。工厂化、生产信息化管理系统可以结合 RFID 与二维码等物联网技术及移动终端技术实现生产计划、物料采购、模具加工、生产控制、构件质量、库存和运输等信息化管理。不妨试想一幢大厦，需要把它拆分成一件一件可以具体工厂加工制造的建筑部件，若不借助BIM 技术，仍沿用传统的工程技术图样来处理拆分，难度系数将非常大，出错率也会极高，这还只是执行的技术文件层面可能出现的问题，若再不借助先进的 BIM 检测设备仪器来检验校核成品构件的质量精度，最终的损失会极其惨重，也可能会出现批量化生产批量化报废的结局。

实际上，在一些大型装配式建筑施工过程中，常常会采用 BIM 技术来预先虚拟呈现某些关键构件的吊装运输工序，管理人员可以通过 BIM 模拟过程，发现高危复杂环境下的吊装计划是否合理可行。这样可以有效规避掉一些安全事故的发生。

装配式建筑，现场作业内容发生巨大变化，现浇的作业任务大大减少，成品部件的现场装配作业任务增多，无论是已经装配完成的构件或者是正准备安装的构件，只要质量不合格，尺寸误差偏大，成品构件就基本报废。

在 BIM 一体化设计中，建筑、结构、机电、装修各专业根据统一的基点、轴网、坐标系、单位、命名规则、深度和时间节点在平台化的设计软件中进行模型的搭建。同时各专业还可以从建筑标准化、系列化构件库中选择相互匹配的构件和部品部件等模块来组建模型，大大提高构件建模拆分的标准化程度和效率，可以有效保证运输到现场的吊装模块的质量，使得装配完成的建筑一次成型。

在装配式建筑中，针对各个流程环节的管理要求会更加严格，同时更高度依赖信息化管理技术，BIM 的信息管理云平台（或者叫项目管理门户）是通过建立一个云数据中心作为工程项目 BIM 设计、生产、装配信息的运算服务支持。通过该平台可以形成企业资源数据库，实现协同过程的管理。

装配式建筑对 BIM 技术的迫切需求是显而易见的，BIM 技术对装配式建筑而言价值巨大，意义非凡。

7.3 基于 BIM 技术的装配式建筑软件

目前市面上的 BIM 软件达数十种，满足了建筑行业不同需求。对于装配式建筑的结构设计主要有杭州嗡嗡科技有限公司基于 Revit 平台二次开发的 BeePC、中国建筑科学研究院-北京构力科技有限公司自主研发的 PKPM-PC 以及德国内梅切克集团的 Planbar 等软件。下面就这三款软件进行详细介绍。

7.3.1　BeePC 软件简介

装配式智能深化 BIM 软件——小蜜蜂软件（BeePC）是杭州嗡嗡科技有限公司推出的国内首款装配式智能深化 BIM 软件。BeePC 软件是一款可以边建模边教做装配式深化设计的 BIM 软件。软件具备可视化操作、傻瓜式建模、构件智能编号、构件一键出图、一键生成构件明细表（含钢筋形状和尺寸）和一键生成工厂 BOM 表等特点，如图 7-6 所示。

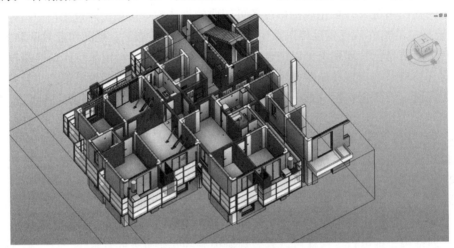

图 7-6　BeePC 软件模型效果

BeePC 软件由深耕 BIM 与多年从事装配式结构设计的设计师联手专业的 Revit 开发团队匠心合作，通过所见即所得的建模方式，结合图集，项目的内置规则，智能化的批量操作，最终形成满足 PC 工厂的图纸及构件料表要求的完备深化系统，从而大幅度提高建模人员的工作效率（图 7-7）。

图 7-7　BeePC 软件预制构件展示

目前软件中包括的模块有：叠合板、叠合梁、预制楼梯、预制柱、剪力内墙、阳台板、剪力外墙、空调板、女儿墙、飘窗等，如图7-8、图7-9所示。

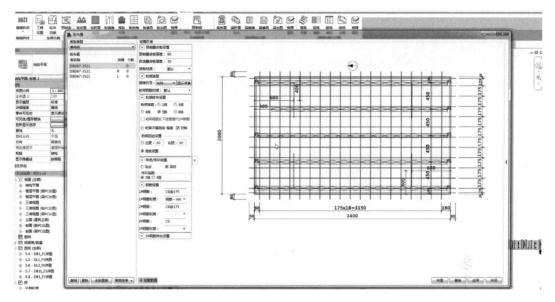

图 7-8　BeePC 软件叠合板布置界面

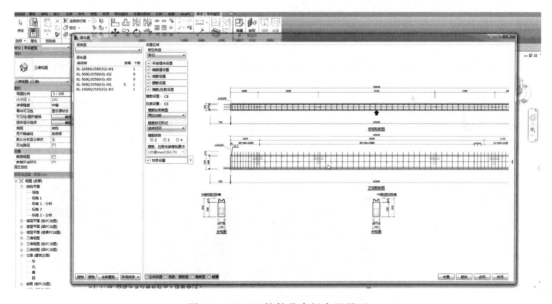

图 7-9　BeePC 软件叠合板布置界面

同时 BeePC 软件也可与装配式识图实训软件结合，学生可以在学习识图能力后，再进行深化设计；也可通过软件自主设计图纸、三维建模，一键导入识图资源库，自定义设计并丰富识图软件题库，全方位提高学生的识图及设计技能。

7.3.2　PKPM-PC 软件简介

装配式一体化设计软件——PKPM-PC，是北京构力科技有限公司在国内自主知识产权图形支撑平台上开发的一款装配式建筑一体化设计软件，如图 7-10 所示。北京构力科技有限公司是我国建筑行业计算机技术开发应用的单位之一，它以中国建筑科学研究院行业研发中心、规范主编单位、工程质检中心为依托，技术力量雄厚。

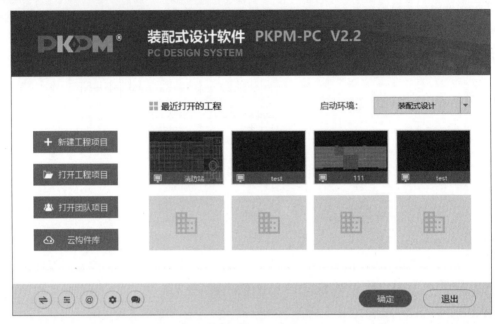

图 7-10　PKPM-PC 软件界面

PKPM-PC 软件包含了两部分内容：第一部分结构分析部分，在 PKPM 传统结构软件中，实现了装配式结构整体分析及相关内力调整、连接设计等部分内容；第二部分，在BIM 平台下实现了装配式建筑的精细化设计，包括预制构件库的建立、三维拆分与预拼装、碰撞检查、预制率统计、构件加工详图、材料统计、BIM 数据接力到生产加工设备，如图 7-11 所示。

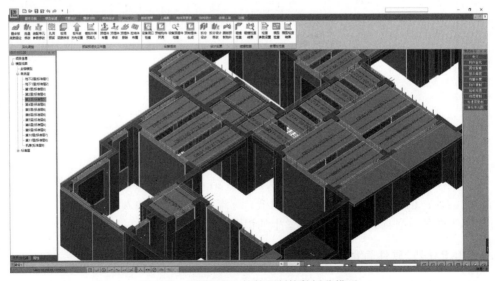

图 7-11　PKPM-PC 软件预制构件拆分模型

PKPM-PC 软件是基于 BIM 平台的预制构件详图自动化生成研发，装配式结构图要细化到每个构件的详图，详图工作量很大，BIM 平台下的详图自动化生成，保证模型与图纸的一致性，既增加设计效率，又能提高构件详图图纸的精度，减少错误，如图 7-12 所示。

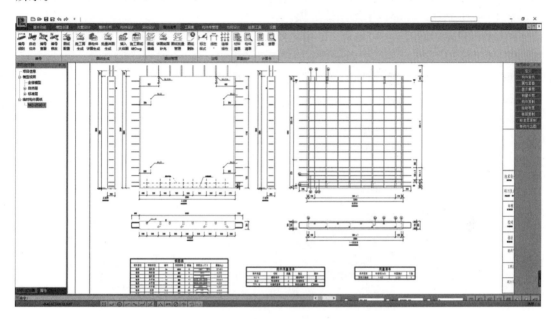

图 7-12　PKPM-PC 软件预制构件详图生成

PKPM-PC 软件基于 PKPM-BIM 平台，可实现建筑、结构、机电全专业智能建模（图 7-13），同时可完成专业间智能提资、管线智能连接、管线碰撞检查等，能够减少大量工作。

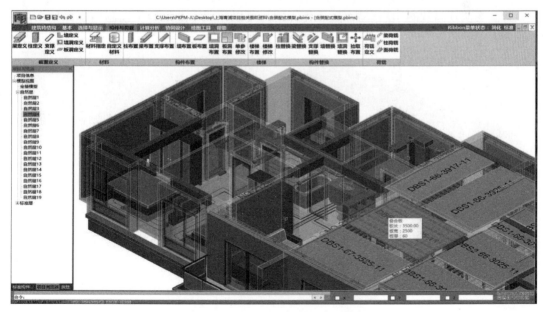

图 7-13　PKPM-PC 软件全专业模型

7.3.3 Planbar 软件简介

Planbar 软件是为预制构件公司量身打造的具有高效率一流自动化设计和预制部件细化设计强大功能的领先解决方案。Planbar 软件是内梅切克集团旗下两款核心产品之一，公司于 1963 年成立，总部位于德国慕尼黑。

Planbar 软件中同时含有 2D 和 3D 相关模块。用户可以在一款软件中实现 2D 信息和 3D 模型的创建和修改，以达到以前传统方式下几个软件一起才能完成的工作，它将三维与二维充分结合，真正实现了 BIM 的工作方式，如图 7-14 所示。

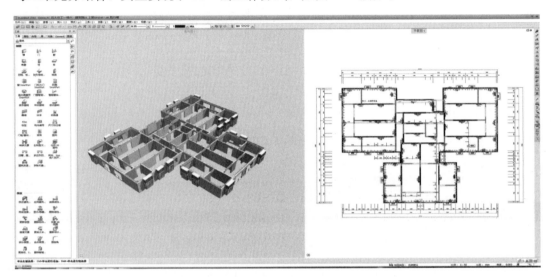

图 7-14　Planbar 软件二维和三维联动操作界面

Planbar 软件中包含了建筑、工程、预制等模块，能够实现预制构件全流程、一体化的设计。可实现高效的 3D 钢筋布置工作，用户可以完成专业混凝土预制构件深化工作，如图 7-15 所示。

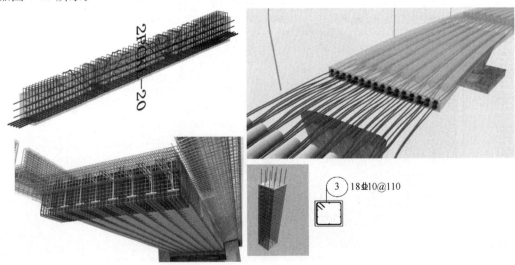

图 7-15　Planbar 软件 3D 钢筋布置

Planbar 软件中内置出图布局库，用户可以根据需要自定义图纸的布局排列。依据构件几何信息和钢筋的 3D 模型，一键点击即可自动生成 2D 图纸。图纸上不仅提供了预埋件、钢筋的定位及尺寸标注，还提供了该预制构件的所有物料信息。

任何时候，用户在图纸中修改了构件、预埋件、钢筋数量、位置、形状等相关信息，Planbar 软件都会在后台自动编辑模型，实现模型的实时更新，如图 7-16 所示。图纸与模型的实施联动，让两者在任意时刻保持一致，保证了设计图纸的质量，提高了用户的工作效率。

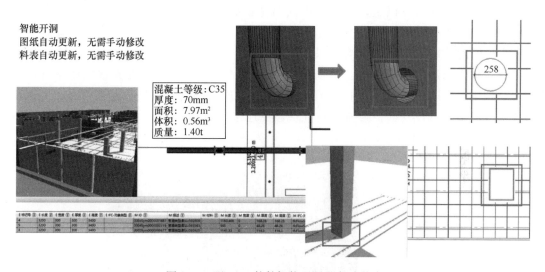

图 7-16　Planbar 软件智能开洞及实时联动

目前 Planbar 软件所提供的生产数据，可以与全球范围内绝大多数自动化流水线进行无缝对接。例如：将生产数据以 Unitechnik 和 PXML 等格式导出后传递到中控系统，实现工厂流水线的高效运转，如图 7-17 所示。

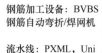

图 7-17　Planbar 软件生产数据与流水线无缝对接

7.4 BIM技术在装配式建筑中的应用

7.4.1 基于BIM模型的预制构件节点处理应用及钢筋碰撞检查应用

下面以实际工程为案例，分析装配式框架结构主体中常见节点连接形式的BIM应用。

项目概况：武汉市东西湖区某大型框架单体。建筑面积25002.75m²，总建筑高度46.5m。装配率为60%以上，采用装配式整体框架结构，裙房处为现浇混凝土框架结构，塔楼及主体采用预制框架柱、预制叠合梁、预制叠合板。由于项目工期较紧，要求构件进场时间较短，项目存在构件深化设计及生产效率提高的需要。采用BIM软件进行装配式构件全过程模型模拟，从而减少深化设计时间，同时直观表现钢筋位置及形态，节约生产周期。本项目采用节点为：叠合板板底部纵筋直接搭接连接节点、主次梁整浇式（主梁缺口）节点、梁柱核心节点整浇连接节点、预制柱采用半灌浆套筒连接，如图7-18、图7-19所示。

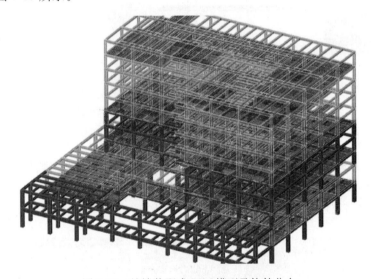

图7-18 整楼装配式BIM模型及构件分布

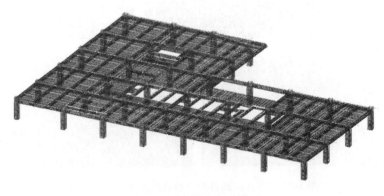

图7-19 标准层BIM模型

1. 叠合板 BIM 节点及钢筋避让

① 直观地表现叠合板在单体中的位置，叠合板与叠合板、叠合板与叠合梁、叠合板与预制柱的位置及钢筋关系，实现钢筋避让前期处理（图7-20）。

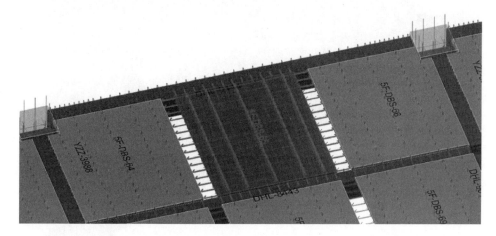

图7-20　叠合板与各构件关系及叠合板柱角切角位置处理

② 框架结构中由于柱角较多，且由于上下层柱截面可能发生变化，导致叠合板柱角处处理中工作量较大，采用 BIM 软件可直接表示柱角，并直接设置为切角。减少由于细小误差给现场吊装安装带来的不便。

③ 可直观进行楼板开洞，将开洞处钢筋进行合理避让或补强，满足设计需求。

④ 可直接在 BIM 模型中增加机电线盒布置、水暖线盒及管线开洞处理，如图 7-21 所示。

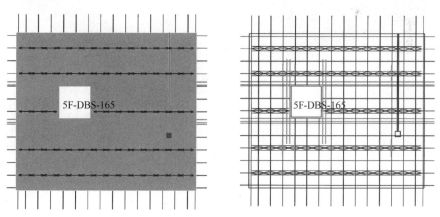

图7-21　叠合板板洞处理及机电线盒预埋

2. 叠合梁（主次梁）BIM 节点及钢筋避让

① 直观表现主次梁相交节点处主梁缺口"梁窝"的位置及附近钢筋关系（图7-22）。

② 直观表现主次梁底筋位置关系、次梁与主梁箍筋及附加钢筋位置关系，实现钢筋避让（图7-23）。

③ 表现主梁相关埋件(封模埋件、吊点等)位置关系及埋件与钢筋位置关系。

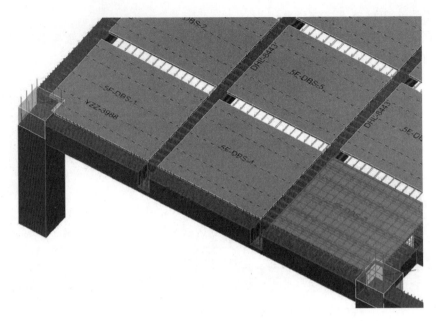

图 7-22 主次梁相交处缺口"梁窝"位置关系

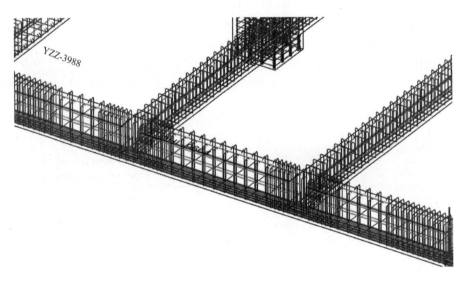

图 7-23 主次梁间各种钢筋避让

3. 预制柱 BIM 节点及钢筋避让

① 直观表达上、下层柱之间连接套筒位置及布置情况（图 7-24）。

② 直观表达柱支撑、封模埋件位置定位情况及与钢筋的位置关系（图 7-25）。

4. 梁、柱节点处钢筋碰撞发现及避让处理

由于大跨度框架结构梁、柱普遍配筋较多，节点处构件较多。故梁、柱节点处易发生钢筋碰撞的情况，给现场施工造成较大不便，耽误吊装安装进度，或连接节点处钢筋较多时可能发生混凝土浇筑不充分等情况。BIM软件的应用在施工前解决了钢筋碰撞的问题，防止类似状况的发生，同时也大大提高了深化设计效率。

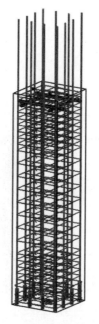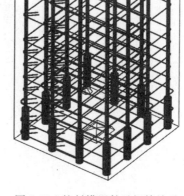

<table>
</table>

图 7-24　柱连接套筒位置关系　　　　图 7-25　柱封模埋件及钢筋关系

① 传统处理方式：CAD 绘制出平面图及立面图，全部绘制钢筋细节，实现钢筋碰撞预处理，如图 7-26、图 7-27 所示。该方式效率极低易发生人为错误，且需图纸绘制人员对梁、板、柱构件有较深刻认识方可达到图纸准确。

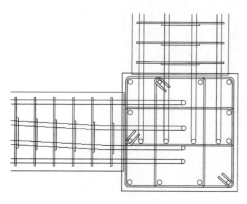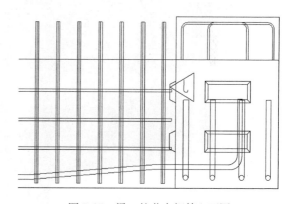

图 7-26　梁、柱节点钢筋平面图　　　　图 7-27　梁、柱节点钢筋立面图

② BIM 软件对梁、柱节点钢筋直观的表达（以本项目为例）。

对钢筋表达直观且不用繁重的绘图步骤，可直接表现碰撞或钢筋位置关系，便于直接改变钢筋形状，以满足生产及现场施工的需求，如图 7-28 所示。

放大显示梁、柱钢筋及相关构件钢筋的位置关系。存在叠合梁与叠合梁间主筋水平及竖向碰撞、叠合梁底筋与预制柱纵筋碰撞，共计 4 处，如图 7-29 所示。

梁、柱节点钢筋碰撞处理：在保证主、次梁受力关系及框架梁与框架柱传力明确的前提下，从 BIM 模型中先了解碰撞发生的原因，即发生水平钢筋碰撞或竖向钢筋碰撞甚至

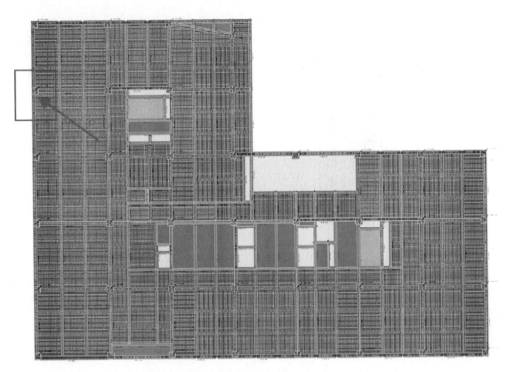

图 7-28　随机选择一处梁、柱节点

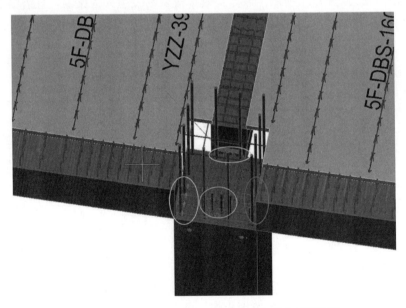

图 7-29　BIM 软件直观表现钢筋碰撞位置及碰撞类型

水平竖向钢筋都碰撞的情况。先调整叠合梁底筋位置或在满足规范要求的前提下对底部纵筋进行水平、竖向弯折。在钢筋无法避让且满足锚固长度的基础上，对钢筋按照等截面等强度原则在满足规范及设计的前提下对钢筋直径进行代换。也可以将柱钢筋改为并筋形式从而减少梁、柱钢筋的碰撞点，避免梁、柱钢筋碰撞，如图 7-30、图 7-31 所示。

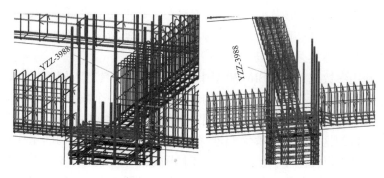

图 7-30　水平钢筋避让成功

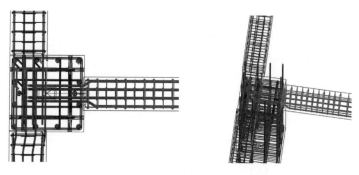

图 7-31　水平、竖向钢筋均避让成功

7.4.2　基于 BIM 模型的加工详图的生成应用

BIM 软件作为装配式深化设计的重要实现方式，越来越受到行业人士的认可。BIM 软件相较传统的 2D 绘图软件，具有诸多优势。

1. 3D 可视化、可模拟、定位准确

与传统 CAD 绘制模式相比，采用 BIM 软件在可视的三维空间内进行绘制，建筑在施工之前能够形成一个完整的三维模型，如图 7-32 所示。对于业主方以及参建各方均可视

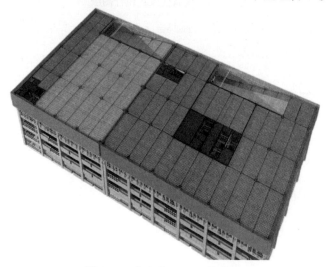

图 7-32　全专业 BIM 三维模型

三维模型，在方案确定前能够做出预判并及时调整。模型完全按照真实尺寸建模，能够真实反映建筑内各系统、各专业间关系，实时反映项目真实情况，定位准确。

2. 参数化、模型信息修改联动

BIM 软件利用参数化建模，BIM 模型中的所有构件都具有不同的形状，是由于其图元所对应的各个参数信息不同，当模型的构件参数中任意一个数值发生变化，那么整个构件也会随之变化，整个模型也会联动，期间产生的信息也会实时更新。对于装配式深化设计而言，BIM 软件的这个特点能够大幅度降低因细节调整造成的调图工作量，即能够实现在三维模型中修改相关构件，预制构件加工图随之修改，能够实现一键改图、出图，简化程序，缩短深化设计时间，将设计师从大量的调图工作中解放出来，如图 7-33～图 7-35 所示。

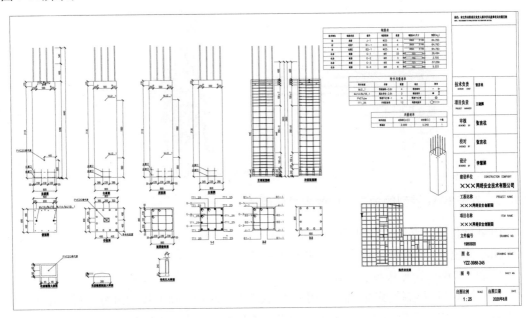

图 7-33　预制柱深化设计图纸

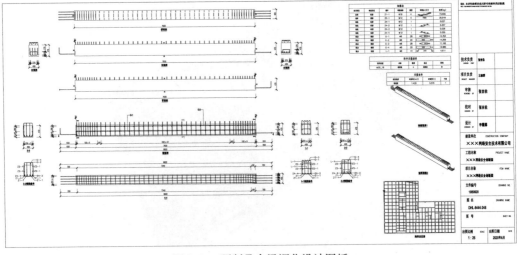

图 7-34　预制叠合梁深化设计图纸

218

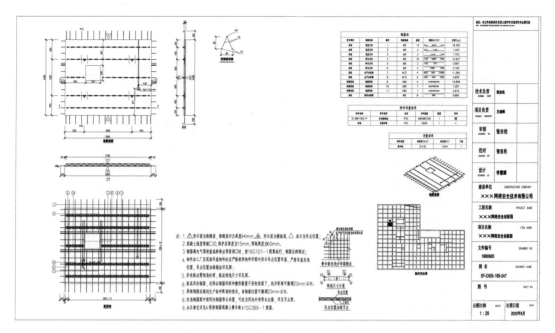

图 7-35　预制叠合板深化设计图纸

3. 碰撞检查、布置合理、可优化

传统的二维图纸往往不能全面反映个体、各专业各系统之间的碰撞可能，同时由于二维设计的离散型为不可预见性，也将使设计人员疏漏掉一些钢筋、混凝土或管线碰撞的问题。而利用 BIM 技术可以利用其碰撞检测的功能，将碰撞点尽早反馈给设计人员，与业主、顾问及时进行协调沟通，在深化设计阶段尽量减少现场的碰撞和返工现象。这不仅能及时排除项目施工环节中可以遇到的碰撞冲突，显著减少由此产生的变更，更大大提高了施工现场的施工效率，降低了由于施工协调造成的成本增长和工期延误。

4. 信息完备、可追溯

BIM 软件的应用跨度从项目方案阶段到预制构件加工图阶段再到项目运营的全过程。BIM 模型中所含的信息可以描述一个部位的完整信息，比如：结构柱中所含的名称、尺寸、材质型号、颜色等参数，它们共同构成了结构柱，代表着其信息的完备性。

基于以上 BIM 软件优势，预制构件加工图设计体现出独特优势以及创新技术思路：大大提高深化设计效率，由二维到三维的转化，增加一个维度，使深化设计效率指数级提高；一个维度的增加，以一种全新的思路进行深化设计，将传统模式存在的深化设计凭空想象的难度从脑海中转移到屏幕上，每一个构件，每一个空间位置都能够完全呈现出来，让设计师能够更高效完成深化设计工作；一个维度的增加，通过可视化模拟和优化，使深化设计工作更加高效，更加贴近实际施工。

7.4.3　基于 BIM 模型的钢筋数据接力钢筋加工设备应用

通过采用基于 BIM 技术的钢筋集中加工模式，解决钢筋翻样精度不高和翻样速度慢的问题，同时可通过 BIM 技术对所有钢筋进行编号归类，提高钢筋半成品加工效率，基于 BIM 平台对整个项目的钢筋原料和半成品进行综合管理，节省施工时间和原材料，大大提高施工生产效率,降低成本。

基于 BIM 技术的钢筋数控集中加工模式实施工艺流程如下:

1. 钢筋下料单准备

钢筋数控集中加工厂通过 CAD 施工图自动创建 BIM 模型,生成 BIM 模型的同时导入配筋信息,根据构件配筋信息自动生成 3D 钢筋并符合平法图集及相关规范。其中钢筋模型的锚固长度及搭接长度将按照预设的抗震等级自动生成,计算结果与实际做法一致。利用钢筋模型生成初步料单,之后根据钢筋型号、加工顺序及安装区域等信息自动分类汇总。通过软件自动优化配料和工位分配,使钢筋切割按长短科学搭配,实现自动套料,将废料量控制到最低,最后提前生成各工位加工钢筋料单和分拣料单。

2. 下达成品钢筋加工配送任务

钢筋集中加工厂按照制定的加工配送计划,将复核确认过的钢筋料单数据存储在网络数据库中,生成二维码钢筋料单,下发给操作工人;二维码钢筋料单上同时显示钢筋信息,并对相应加工操作人员下达加工任务指标,明确加工的成型钢筋原材料牌号规格、堆放位置和加工成型钢筋制品几何尺寸、加工数量以及加工任务完成时间等要求。

3. 实施成型钢筋加工

设备操作人员按要求选用加工原材料,调试加工设备,通过数控设备上的扫码器,对着二维码料单扫描,数控设备即可按顺序显示加工任务,操作工人选取加工任务,点击启动,钢筋原材料将自动通过数控设备,完成调直、弯曲及切断工序,实施批量成型钢筋加工,加工完成的成型钢筋按分区、分项目标识的原则进行堆放并悬挂吊牌。

4. 钢筋质量证明文件

在成型钢筋出厂配送前,质量检验人员对加工完成的成型钢筋进行质量检查,检查成型钢筋物理、力学性能指标,出具检验报告,经检查合格的成型钢筋按供应批次发放出厂合格证。钢筋集中加工厂按照工程建设需求,在规定时间内将相应数量和规格型号的成型钢筋制品配送到项目施工现场并提供成型钢筋质量证明文件。其应用效果为:(1)解决人员技术不专业问题,大大提高钢筋加工效率,降低加工成本;(2)有效解决施工现场加工下料剩余长度难以利用、损耗大的问题,降低钢筋加工损耗;(3)辅助钢筋加工质量监管追溯,确保钢筋成品质量;(4)避免现场钢筋加工条件限制,确保成品钢筋供应规模;(5)对钢筋集中加工过程信息存储集成,为项目的钢筋应用管理方面的总结提供有力的数据资料,提高项目的信息化管理水平;(6)对钢筋需求量进行统计和有计划的做到提前储备,对需求数量进行模拟,便于管理者确定材料采购时间,节省财务成本,同时避免因原材料购入延迟造成的生产任务停滞。

7.5 BIM 技术与装配式建筑结合应用的案例

7.5.1 深圳·清华大学研究生院创新中心

深圳·清华大学研究生院创新中心项目位于深圳南山西丽大学城主轴线的西侧,矗立在南山高新科技开发区,是校园新科研试验区的起点。该建筑集教育、科研、产学研结合和国际交流功能于一体,如图 7-36 所示。

码 7-1 吉首第一高级中学整体搬迁扩建项目BIM 技术应用

它是 BIM 与装配式这两种新兴技术完美结合和应用的典范。致力于打造一个开放、活跃的第三代实验楼，并鼓励学科交流和共享。

图 7-36　深圳·清华大学研究生院创新中心项目

在空间设置上，简约、有序、开放和多样化的设计体系贯穿始终。该设计引入了贯穿所有科研空间的中央共享空间系统，每三层为一单元，都有不同的主题，以形成最具活力的社交场所。此外，简洁的形体，立面元素巧妙地从清华大学的红砖和白墙中提取，并适应了南方气候。标识性的建筑语言已成了学子记忆，如图 7-37～图 7-39 所示。

图 7-37　项目立面效果图

图 7-38　项目立面红砖效果

图 7-39　项目内部空间效果图

借助 BIM 正向设计，该建筑实现了结构体系、机电系统和建筑的一体化创新设计。最大限度地创造了对科研空间的适应性，并最终实现了高品质的构造，功能与美感的完美结合。该建设成为了深圳首个应用 PC 技术的实验楼，也是第一个实现全生命周期 BIM设计与应用的高层教育建筑，如图 7-40～图 7-42 所示。

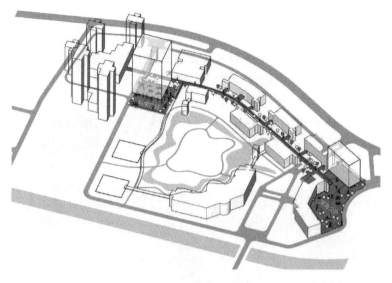

图 7-40　总平面模数化模型

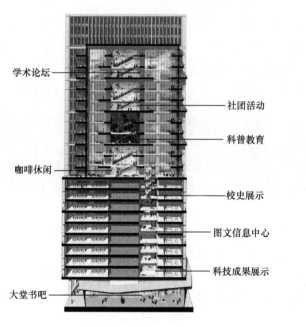

学术论坛

社团活动

科普教育

咖啡休闲

校史展示

图文信息中心

科技成果展示

大堂书吧

图 7-41　共享空间系统

建筑模型

结构模型

电气模型

给水排水模型

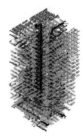
暖通模型

图 7-42　BIM 全专业模型

7.5.2　南京一中江北校区

南京一中江北校区项目是由中建科技集团有限公司以设计施工一体化的方式，采用"装配式建筑＋BIM应用＋绿色建筑"的建筑新科技、新理念，打造的江苏省首个"住房城乡建设部绿色校园示范工程"和"住房城乡建设部绿色科技示范项目"，如图7-43所示。同时，该项目还承担国家科技部"6.4装配式工业化建筑高效施工关键技术示范"等四项"十三五"课题，致力于打造绿色校园、百年建筑、国家一流的优质精品工程。

图7-43　南京一中江北校区项目规划示意

针对教学楼、教师公寓等建筑，创新设计实施全装配式混凝土结构体系，突破传统部分预制、部分现浇的设计方法，从正负零开始采用预制构件，解决预制和现浇混用的装配问题，建立以预制装配为核心的混凝土结构建筑全装配设计体系。

通过设计轴压比控制、连接加强设计技术、结构形式布置规则和抗震性能设计技术，实现全装配式混凝土结构体系。

突破常规，从一层开始大批量采用预制构件，减少钢筋翻样加工、满堂架支模体系搭设和模板翻样加工等工序，缩短工期；减少首层构件现浇施工模板、混凝土、水等资源使用。同时，工业化的建造方式将大部分湿作业转入工厂，有效减少有害气体及污水排放，降低施工粉尘及噪声污染，降低固体垃圾排放，有利于环境保护；明显降低工人的劳动强度和安全事故发生率；提高建造速度，提升建造质量，确保安全文明施工效率，如图7-44所示。

预制构件拆分和深化设计阶段，依据梁柱大直径、大间距、少根数技术体系，按照"梁与柱钢筋相互避让、相邻跨梁钢筋相互避让"的布置原则，基于BIM模型进行钢筋碰撞检

图 7-44　南京一中江北校区项目

查和规避，保证构件加工的准确性，确保构件后期高效安装，如图 7-45、图 7-46 所示。

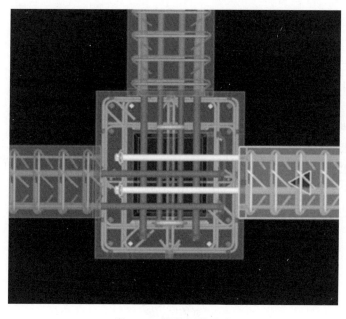

图 7-45　梁柱钢筋避让

装配式梁柱节点核心区，施工质量尤为重要。核心区钢筋种类繁多，有梁柱构件内钢筋、核心区加密箍筋、腰筋、梁上部钢筋、板面筋等。现浇结构钢筋的安装由于操作空间狭小、顺序要求严格，施工操作非常困难。面对施工困扰，通过细致分析，创新采用 BIM 三维交底的形式，动画演示每一根钢筋的安装顺序要求，针对性地解决疑难问题。

可视化交底确保了交底的准确性，有助于提高装配施工质量及装配施工效率。

图 7-46　梁底钢筋避让实例

思 考 题

1. BIM 的定义及特点是什么?
2. BIM 设计软件所需的功能是什么?
3. BIM 在装配式建筑设计上的特点和优势是什么?
4. BIM 在装配式混凝土建筑中的应用包括哪些?
5. BIM 技术能够给装配式建筑工程管理带来什么?
6. BIM 技术能给装配式建筑工程在制作、施工环节哪些阶段带来变化?
7. BIM 技术能在生产、施工计划模拟中完成哪些工作?
8. 简述装配式混凝土建筑相关 BIM 软件优缺点及适用情况。
9. 调研基于 BIM 软件的装配式混凝土结构施工应用案例。

码 7-2　第 7 章思考题
参考答案

附录 A 装配式建筑构件制作与安装 职业技能等级标准

码附-1 装配式建筑构件制作与安装职业技能等级标准

附录 B "1＋X"装配式建筑构件制作与 安装证书

码附-2 "1＋X"装配式建筑构件制作与安装证书

参 考 文 献

[1] 中华人民共和国住房和城乡建设部 . 混凝土结构工程施工规范 GB 50666—2011[S]. 北京中国建筑工业出版社，2012.

[2] 中华人民共和国住房和城乡建设部 . 混凝土结构工程施工质量验收规范 GB 50204—2015[S]. 北京：中国建筑工业出版社，2015.

[3] 中华人民共和国住房和城乡建设部 . 装配式混凝土建筑技术标准 GB/T 51231—2016[S]. 北京：中国建筑工业出版社，2017.

[4] 中华人民共和国住房和城乡建设部 . 钢筋套筒灌浆连接应用技术规程 JGJ 355—2015[S]. 北京：中国建筑工业出版社，2015.

[5] 中华人民共和国住房和城乡建设部 . 装配式混凝土结构住宅建筑设计示例(剪力墙结构)15J939-1[S]. 北京：中国建筑工业出版社，2015.

[6] 中华人民共和国住房和城乡建设部 . 装配式混凝土结构连接节点构造(楼盖结构和楼梯)15G310-1[S]. 北京：中国建筑工业出版社，2015.

[7] 中华人民共和国住房和城乡建设部 . 装配式混凝土结构连接节点构造(剪力墙结构)15G310-2[S]. 北京：中国建筑工业出版社，2015.

[8] 中华人民共和国住房和城乡建设部 . 装配式混凝土剪力墙结构住宅施工工艺图解 16G906 [S]. 北京：中国建筑工业出版社，2016.

[9] 中华人民共和国住房和城乡建设部 . 建筑工程施工质量验收统一标准 GB 50300—2013 [S]. 北京：中国建筑工业出版社，2014.

[10] 冯大阔，张中善 . 装配式建筑概论[M]. 郑州：黄河水利出版社，2018.

[11] 吴耀清，鲁万卿 . 装配式混凝土预制构件制作与运输[M]. 郑州：黄河水利出版社，2018.

[12] 张琨，杨道宇，高峰 . 装配式混凝土建筑施工技术[M]. 天津：天津大学出版社，2021.

[13] 王鑫，刘晓晨 . 装配式混凝土建筑施工[M]. 重庆：重庆大学出版社，2018.

[14] 张波 . 装配式混凝土结构工程[M]. 北京：北京理工大学出版社，2015.

[15] 黄靓，冯鹏，张剑 . 装配式混凝土结构[M]. 北京：中国建筑工业出版社，2020.

[16] 张怡，隋良志，杨道宇 . 建筑产业现代化概论[M]. 天津：天津大学出版社，2016.

[17] 纪明香，杨道宇，马川峰 . 装配式混凝土预制构件制作与运输[M]. 天津：天津大学出版社，2020.

[18] 张海东，庞瑞 . 装配式混凝土结构设计[M]. 郑州：黄河水利出版社，2018.

[19] 文林峰 . 装配式混凝土结构技术体系和工程案例汇编[M]. 北京：中国建筑工业出版社，2017.

[20] 郭学明 . 装配式混凝土结构建筑的设计、制作与施工[M]. 北京：机械工业出版社，2017.

[21] 崔旸，王德俊，朱丹，等 . 基于 BIM 的深化设计研究[J]. 建设科技，2015(15)，117-119.

[22] 程福杰 . 装配式建筑工程施工中 BIM 技术的运用[J]. 建材发展导向(上)，2020(4)，184.

[23] 顾泰昌 . 国内外装配式建筑发展现状[J]. 工程建设标准化，2014(8)，48-51.

[24] 何关培 . 施工企业 BIM 应用技术路线分析[J]. 工程管理学报，2014(2)，1-5.

[25] 胡世军 . 装配式建筑施工技术研究与运用[J]. 商品与质量，2018(15)，57.

[26] 李仲元，郭跃，孔宪扬 . BIM 技术在工业建筑三维协同设计中的应用[J]. 工程与建设，2020(4)，

634-635，691.

[27] 刘照球，李云贵，吕西林，等．基于 BIM 建筑结构设计模型集成框架应用开发[J]. 同济大学学报(自然科学版)，2010(7)，948-953.

[28] 刘丹丹，赵永生，岳莹莹，等．BIM 技术在装配式建筑设计与建造中的应用[J]. 建筑结构，2017(15)，36-39，101.

[29] 刘宝华．基于 BIM 的 3D 可视化智能管控平台的研究和应用[J]. 软件，2018(8)，74-77.

[30] 乔保娟，邓正贤，张洪磊．PKPM 与 Revit 接口软件中若干问题探讨[J]. 土木建筑工程信息技术，2014(1)，113-117.

[31] 相云瑞．信息化技术在建筑工程施工管理中的应用[J]. 建筑工程技术与设计，2014(14)，592-592.

[32] 许国忠．探析民用建筑结构设计中 BIM 技术的应用[J]. 城市建设理论研究(电子版)，2015(9)，120-121.

[33] 许超，吴斯琪．BIM 技术在装配式建筑设计阶段的应用研究[J]. 智能建筑与智慧城市，2019(6)，109-110.

[34] 朱磊，肖莉萍，郑鹏，等．装配式混凝土结构基于 PKPM-BIM 平台的设计应用[J]. 建设科技，2017(15)，24-26.

[35] 张闻，王威，吴凤先．PKPM-BIM 在装配式建筑设计中的应用[J]. 沙洲职业工学院学报，2019(2)，1-4.

[36] 贺菲．基于 BIM 的装配式建筑的全过程造价管理研究[D]. 济南：山东建筑大学，2020.